輕鬆現摘！打造自己的小小菜園

水耕蔬果入門書

伊藤龍三／著

懶人爺爺的

「簡易水耕栽培」

我最初嘗試用土壤栽種家庭菜園，失敗後才展開不用土壤的水耕栽培。

看著順利長大的蔬菜總能令我動容，因而在不覺間就一頭栽進水耕栽培的世界裡。

我是個很懶的人。

所以總是滿腦子想著有沒有更有效率、更輕鬆的栽培方法。本書要介紹的栽培法就是我在不斷嘗試與失敗後終於摸索出來的成果。

一開始便打造好水耕栽培層與水耕栽培裝置（用篩網和塑膠籃製成的簡單器具），接下來就只須每天檢查營養液，避免供給中斷即可。

這種方式任何人都辦得到，幾乎零失敗。

我希望大家都能親自感受一下栽種植物的樂趣，以及採收大量蔬菜的滿足感。

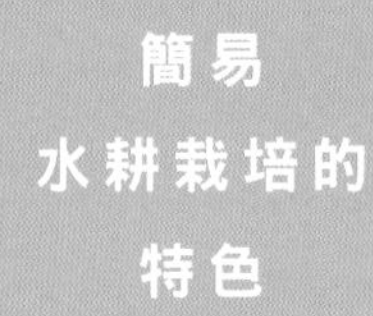

1

只要有個B5大小且日照充足的空間即可。

2

這是一種無土栽培法。若是栽種葉類蔬菜，甚至連蛭石或椰殼纖維等代替土壤的基質也用不著。

3

可以採收新鮮又無農藥的蔬菜。

4

栽培所用到的全是百圓商店就買得到的商品，像是瀝水器皿或瀝水網等。能以低成本種出蔬菜。

5

採放任式栽培，只須供給營養液即可。不需要任何栽種蔬菜的瑣碎技巧。

事不宜遲，趕快來試試！

※ 本書中會以下圖的方式標示發芽、定植與採收的天數，但實際會因天候或栽培環境而異，此基準僅供參考。

播種　發芽　定植　採收

適溫 15～17度　2～3天　10天　60天

↑ 發芽至定植的天數

↑ 定植至採收的天數

1株萵苣可以採收大約100片碩大的葉片！

栽種拔葉萵苣
解決蔬菜攝取不足的問題

拔葉萵苣這個品種的萵苣，連水耕栽培初學者也能輕鬆栽種。
我也是從早期一直種到現在。春秋兩季只需2個月左右，
冬季則需2個半月就能第一次收成！之後就算天天採收，
仍會從植株中心不斷長出新鮮的葉片。採收可持續3個月以上。

播種

8月15日在海綿上播種（參照P.22）。隔天就會長出白色的根，像是要插進海綿般逐漸往裡面鑽。要每天幫海綿澆水。

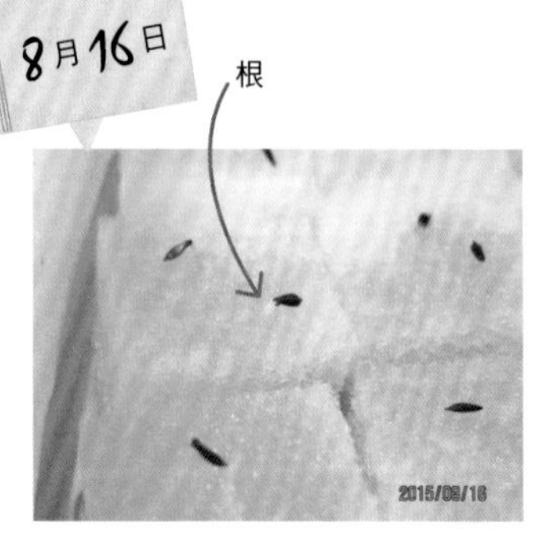

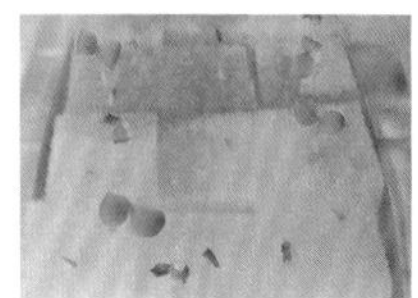

根長出來3～4天後，確認是否已長出雙葉。

8月27日

定植

在海綿上播種約2週後，雙葉就會變大。此時即可將海綿苗移至以瀝水器皿加工而成的水耕栽培層中，接著倒入營養液（此作業即為定植。參照P.31）。從這個階段開始，我將水耕栽培層分別置於陽台與室內，在自然光與電照栽培兩種環境下同步栽培。

9月29日

以電照栽培法培育

夜間也利用電照栽培（參照P.48）提供照明，即可讓幼苗在½～⅔的時間內成長。這次播種後，約35天後就採收了第一次，44天後又採收第二次。

44天後採收第二次。從6株萵苣的外側逐一採收葉片。

另一方面，僅在陽台接受自然光培育的拔葉萵苣才長這麼大。

10月4日

靜候成長

持續補充營養液，大約1週後，在陽台上接受天然日光浴的拔葉萵苣葉片也變大了。若是栽種在陽台等戶外，必須移至塑料溫室內。如此便能培育出大量葉片，在酷暑中展現強韌的生命力。

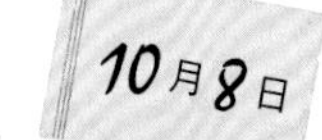

偶有突發狀況

營養液的消耗量會隨著葉片的生長而遞增。即便早上才剛補加營養液，有時仍會因為日照太強而供應不及，導致葉片無精打采。此時要立即補充營養液。

10月9日

復活！

即使葉片低垂，只要補充營養液就能在2～3小時左右後恢復精神，再經過一個晚上就能恢復原狀。

10月13日

採收以自然光培育的萵苣

盛夏播種後，大約2個月就能採收秋季的萵苣。從外側已變大的葉片開始採收。這是未採取電照栽培時，一般的採收進度。

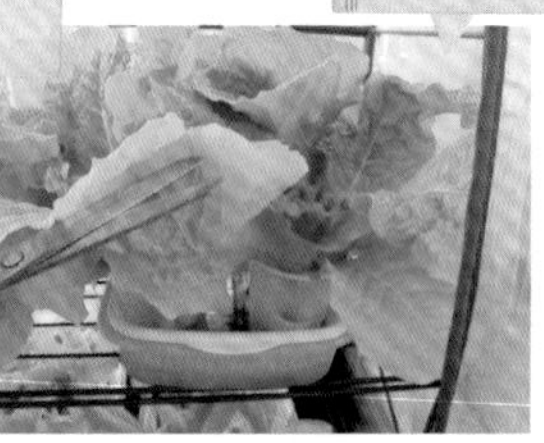

可以採收碩大的葉片了。

10月26日

持續採收

從外側採收後仍會不斷長出新葉，根本吃不完。可能是因為歷經夏天熾烈陽光的磨練，每株萵苣都長得很健康。

11月12日

進一步繼續採收

從塑料溫室裡搬出栽培層，抬起篩網就會發現底下長滿密密麻麻的根。園藝書上常說不能對根部施加壓力，不過看萵苣這長勢可說是顛覆了既定說法。

塑料溫室最上層的拔葉萵苣十分碩大，高度也超過50cm，甚至探達頂部。接下來還能持續採收3個月以上。

據說因為採收這種萵苣時都是從外側拔取，所以日本自古以來都以「拔葉萵苣」稱之。栽種這種萵苣不太會失敗，很適合水耕栽培。

這種萵苣歸屬為黃綠色蔬菜，不僅含有β胡蘿蔔素、維生素B與C，還富有鈣與鉀。可以預防傳染病，還能促進血液循環。經常食用有益身體健康。

播種	發芽	定植	採收
適溫15～20度	2～3天	10天	45天

隨時都能培育出大量又新鮮的菜！

利用香菜（芫荽）打造香氛叢林

香菜種子一旦發芽，用任何栽培法都能培育出叢林狀態。
每天都吃得到新鮮香菜，喜歡香菜的人應該難以抵擋這種幸福感受吧。
全年都能以水耕栽培種植，我一年也會種5～6次。
我試過各式各樣的栽培方式，每一種都很順利。

在此先介紹使用格狀育苗盤的栽培法（參照P.36）。

2月1日

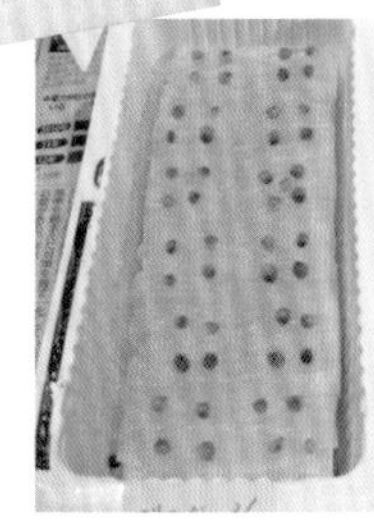

播種

於隆冬時節在海綿上播種（參照P.22）。一般是1個海綿上種2顆，但是這些是陳年的種子，所以各播種4顆。香菜的發芽速度似乎比萵苣慢，發芽率也比較差。請於第9天確認發芽狀況。

Memo

存放1年以上的老舊種子發芽率會下降。這種時候在每個海綿上播種4顆種子會比較保險。

2月9日

將海綿苗定植於格狀育苗盤

不等雙葉長出即進行定植。加工格狀育苗盤的底部（參照P.37），在篩網上鋪放瀝水網與除塵布（參照P.44），再將格狀育苗盤放置於其上。

將海綿苗逐一放入

依照片所示，將海綿苗一個個斜向放入格狀育苗盤的方格裡，再用基質填滿空隙，海綿苗上也要以基質覆蓋。將營養液倒入器皿中。

用椰殼纖維與水苔混成的基質來覆蓋。

Memo 斜向放置海綿苗不但可讓幼苗根部自由伸展，還便於放入混合基質。

2月14日

確認是否已長出雙葉

幼苗移入格狀育苗盤後，5天就會長出漂亮的雙葉。香菜的成長相當迅速，香菜叢林指日可待。

再經過1週後，本葉也長出來了。雖然是冬天，成長狀態卻很驚人。

3月21日

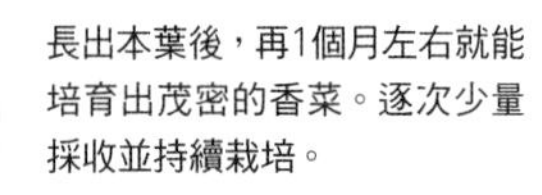

長出本葉後，再1個月左右就能培育出茂密的香菜。逐次少量採收並持續栽培。

3～4天未採摘的話，葉片量會增加不少。用手指一比即可對照出葉片的大小。

2013/03/21

靜候成長

4月9日

採收

如果不採摘，香菜就會長成叢林狀態。就這樣一邊採收一邊持續栽培。

4月18日

大量採收香菜！

雖然還能繼續採收，但為了空出位置來栽種其他蔬菜，於4月18日採收並撤除。放進冰箱的蔬果室裡冷藏保存。

香菜只要順利發芽，就能成長茁壯。
接下來介紹更簡單的栽培法，只須將茶包袋苗放入容器來培育即可（參照P.25）。

移植至茶包袋中，浸泡營養液

9月24日

一個茶包袋（參照P.25）裡放入兩個海綿苗。在容器裡鋪放瀝水網並疊上一層除塵布，接著將6個茶包袋並排其中，最後再倒入營養液。

即便容器很小，只要用茶包袋，還是可以期待大豐收。

10月22日

採收期間仍持續栽培

香菜十分頑強，因此會不斷大幅成長。定植約1個月後，茶包袋苗也長成叢林狀態。接下來大約2個月期間，天天都能享用新鮮的香菜。

栽培筆記

香菜種子的外殼較硬，要多花些時間才會發芽，不過一旦發了芽就會不斷成長。是比較容易以水耕栽培法栽種的香草之一。

營養筆記

眾所周知，香菜不但有絕佳的抗氧化力，還有排毒效果，可將老廢物質或有害金屬排出體外。用米紙捲起來吃就很可口。

播種	發芽與定植	採收
適溫 17～25度	10天	40天

可以種出昂貴的麝香哈密瓜？

利用總是丟掉的哈密瓜種子進行水耕栽培實驗

哈密瓜吃完後餘留的種子能種出哈密瓜嗎？
去年夏天有人送我哈密瓜，我便把種子取出保存，
打算自行栽培看看。
這次的哈密瓜水耕栽培是我抱著好玩心態挑戰的。

4月24日

播種

初春4月19日，我將小黃瓜種子和6顆哈密瓜種子同時播種在海綿上（參照P.22）。到了第5天再確認哈密瓜的發芽狀況。小黃瓜的嫩芽已經轉為淡綠色。

移植至格狀育苗盤中

5月5日

要在海綿上栽培到長出雙葉，所以播種後超過2週才移植至格狀育苗盤中（參照P.36）。置於營養液器皿中，之後營養液的量要隨時維持在1㎝的高度。

5月14日

挑出2株充滿活力的幼苗，連同育苗盤整個移至底部鋪了瀝水網的容器中。

靜候成長

6月8日

定植

在容器中培育並持續補充營養液，直到6月7日發現開花了。隔天即定植至塑膠籃水耕栽培裝置上(P.39)。

7月17日

哈密瓜長到如棒球般的大小

終於長到差不多棒球大的哈密瓜果實。雖然下方葉片染上了白粉病，但我仍未中斷營養液，結果藤蔓往上延伸，接二連三長出新的葉子。

藤蔓不斷往上延伸。成長速度挽救了哈密瓜。

哈密瓜逐漸成形

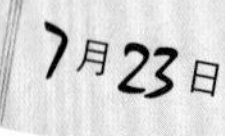

在海綿上播種後經過3個月有餘，終於出現哈密瓜縱橫交錯的獨特網紋。

7月26日

第2株哈密瓜也不斷成長

另一株植株上的哈密瓜也逐漸變大。生長步調之快，幾乎要超越早一步長出哈密瓜的植株。之後將小果實摘除，好讓營養輸送給大果實。

8月4日

採收後製成米糠醃菜

先長出哈密瓜的植株，上方的葉片很健康，但下方的莖已經因為白粉病而枯萎。此時果實尚未成熟，雖然已經散發出哈密瓜味了，但還沒什麼甜味，於是我用來製作米糠醃菜。哈密瓜口味的醃漬物還蠻好吃的。照片後方是米糠醃製的小黃瓜。

8月8日

4月24日展開栽培的哈密瓜，已步步接近採收時刻。以塑膠籃水耕栽培裝置培育的哈密瓜很成功。

培育出漂亮的哈密瓜

8月15日

採收

這次完全按照我自己的做法來栽培，還得不斷對抗白粉病。此時已經出現麝香哈密瓜特有的紋路，果實雖小，卻已經有模有樣，於是決定先行採收。

8月26日

誤判切開的時機

8月15日採收後，雖然想等到完全熟成飄出哈密瓜香再吃，結果還是迫不及待剖成兩半了。果肉還沒熟透，甜味還是比市售哈密瓜淡了些。再等久一點或許味道會更好。

這些也製成醃菜，大快朵頤了一番。

栽培筆記

用種子有辦法種出昂貴的麝香哈密瓜嗎？起初我也是半信半疑。這次經驗讓我再次體認到，水耕栽培的醍醐味就在於任何事都要挑戰了才知道。

營養筆記

哈密瓜內含大量的鉀，有降低高血壓及消除水腫之效。富含維生素B群，所以夏天還能有效預防中暑。這種水果看似熱量很高，其實不然。

適溫 25～30度	播種	發芽	定植	採收
		5天	45天	55天

無辣不歡的人就挑這兩種

快來採收大量的 哈瓦那辣椒與島辣椒！

這次栽培是用種子來培育，哈瓦那辣椒的種子是取自我前一年種的哈瓦那辣椒，
而島辣椒種子則是部落格上的讀者（住在宮古島）寄給我的。
一共採收了150～200條哈瓦那辣椒，
而島辣椒的產量更勝於此，多到數不清。

2月14日

播種

在岩棉上播種。先用自來水徹底沾濕岩棉，用竹籤戳出凹洞，再將哈瓦那辣椒與島辣椒的種子分別放進凹洞裡。待雙葉變大後再進行定植。此時離定植還須等3個月。

岩棉是一種人造礦物纖維。水耕栽培時經常用來播種。

5月15日

定植

我決定從哈瓦那辣椒和島辣椒中各挑出1株健康的幼苗來栽種。左為哈瓦那辣椒，右為島辣椒。在市售的園藝花盆底部周圍鑽出大量洞孔，接著鋪上瀝水網並放入蛭石，再將幼苗定植。

6月28日

靜候成長

持續補充營養液約1個半月。左邊的哈瓦那辣椒增加了不少葉片和側芽，也結出花苞。右邊的島辣椒則尚未看到花苞。

7月18日

確認哈瓦那辣椒開花與否

哈瓦那辣椒於7月上旬開花，2週後開始結出大量果實。

8月3日

放入金屬網垃圾桶中固定

哈瓦那辣椒的葉片逐漸茂密起來，隨著果實一天天長大而變得搖搖欲墜，因此連同栽培層一起放入金屬網垃圾桶中，藉此維持穩定。

8月17日

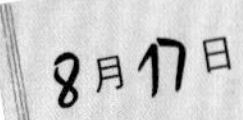

確認島辣椒開花與否

島辣椒要到8月上旬才開花。2週後果實就長大到清晰可見。

島辣椒的花十分可愛。

島辣椒沐浴在夏日陽光下不斷大幅成長。高度達80cm，是哈瓦那辣椒的兩倍。利用花盆架來支撐，並用磚塊壓住固定。

利用花盆架支撐

8月28日

8月28日初次採收哈瓦那辣椒。採摘時，雙手務必戴上塑膠手套做好防護措施。辣椒顏色很漂亮，但其實我沒吃過，因為實在太辣了。我陸續採收發送給有需求的人直到12月。

採收哈瓦那辣椒

透著橙色光澤的哈瓦那辣椒可謂辣度中的「暴君」。

9月19日

採收島辣椒

9月19日初次採收島辣椒。撕開來一舔，辣度比鷹爪辣椒還強烈。我拿來浸泡在泡盛裡，製成一種名為「KOREGUSU（沖繩方言，辣椒之意）」的沖繩調味料，淋在拉麵或炒青菜上來享用。和哈瓦那辣椒不同，島辣椒可以徒手採摘。

10月14日

第2次採收島辣椒

採收第2回合，島辣椒的體型雖小，味道卻十分嗆辣刺激。之後仍持續大量採收，直到次年初才撤除。

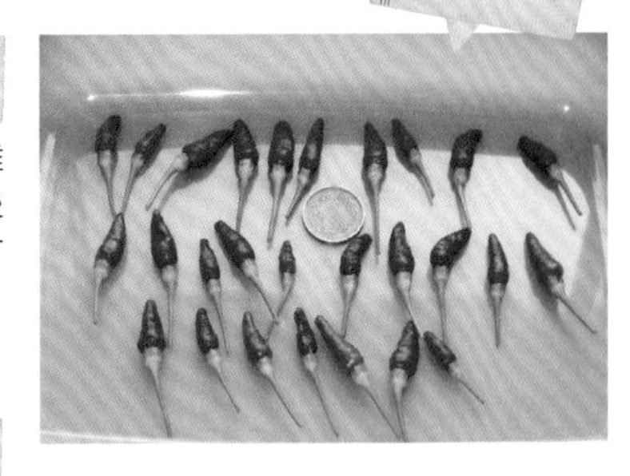

12月初旬

取種

取出哈瓦那辣椒的種子，次年就能再用種子來栽培。不過要特別注意的是，取出種子時如果沒戴手套和口罩是很危險的。清洗用過的手套和刀子時也要戴手套和口罩，以免被強烈的氣味薰到。種子取出後須清洗並乾燥，過程請參照第84頁。

先以市售的哈瓦那辣椒幼苗進行水耕栽培。取出種子，次年就能繼續栽種。無論是哈瓦那辣椒還是島辣椒，都能長期大量採收。

辣椒的主要有效成分是辣椒鹼，也是辣味的來源。可以促進流汗，改善血液循環。用於減肥也頗見成效，但是嚴禁大量攝取。

播種　發芽　定植　採收

適溫 15～17度

2～3天　90天　100天　←哈瓦那辣椒

2～3天　90天　120天　←島辣椒

種出高級食材「芋梗」

以水耕栽培種植里芋，製成求生時必備的維生食品

里芋生命力強，即便置之不理也會不斷生長。
不僅會產出芋頭，還能採收到大量的稀有素材「芋梗（芋莖）」，
高級料亭也很常用，最適合製成能長期保存的維生食品。

5月16日

浸泡在營養液中

在家居用品店買的里芋幼苗名為「紅梗芋」，也就是所謂的八頭芋，可種出不帶澀味的芋梗。因為已經發芽，直接浸泡在營養液中即可。

5月31日

定植

長出一片葉子後即定植至塑膠籃水耕栽培裝置上（參照P.39）中（照片為定植1週後的狀態）。我習慣使用直徑20cm、高12cm的塑膠籃。基質是用蛭石與椰殼纖維混製而成。

7月5日

放置自動供水瓶

定植約1個月後，葉片就能長得這麼大，莖的數量也增加了。營養液的消耗遽增，器皿裡的營養液不一會兒就空了，因此加設一個自動供水瓶（參照P.41）。

> **Memo**
> 早上在器皿中倒入大量營養液，自動供水瓶裡也要裝滿營養液。

7月21日

以重物壓住固定

定植約2個月後，植株的上半部變重，微風一吹好像就會倒下。我在器皿周圍放置2個磚塊和1個水泥磚加以固定。

9月8日

估算採收時期

盛夏一過，葉片逐漸轉黃即進入採收期。因為葉片開始乾枯，所以雖然時機尚早，還是決定先行採收。

採收

即將採收時，芋梗已經滿到幾乎撐破塑膠籃。

從頭到尾都是使用小型塑膠籃來栽培。可能是因為塑膠籃深度不夠，導致里芋的產量不如預期，不過卻採收到大量可食用的葉柄「芋梗」。乾燥5～7天即可長期保存。

里芋成長快速，相對地營養液的消耗量也高。最好早上和傍晚各確認一次營養液是否足夠。

里芋富含對骨骼有益的鈣和錳，還有大量非水溶性膳食纖維，具有清腸排毒效果。花青素的抗氧化作用也不容忽視。

發芽適溫　定植　採收

適溫20～30度

115天

輕鬆現摘！打造自己的小小菜園

水耕蔬果入門書

CONTENTS

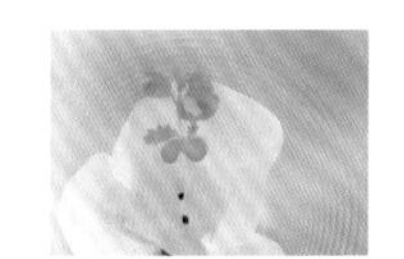

第 3 章　瓜果與根菜。以水耕栽培種植各式蔬果

專欄

第 1 章

簡易水耕栽培的基礎

讓海綿苗發芽

1 在海綿上播種使之發芽

進行水耕栽培時，我的做法是一開始先在海綿上播種喜歡的種子，如此便完成海綿苗，大約2天後就會發芽，2週左右即可輕鬆定植。打從我用浮石挑戰水耕栽培以來，多方嘗試過各種方法，我認為這種做法是最理想的。

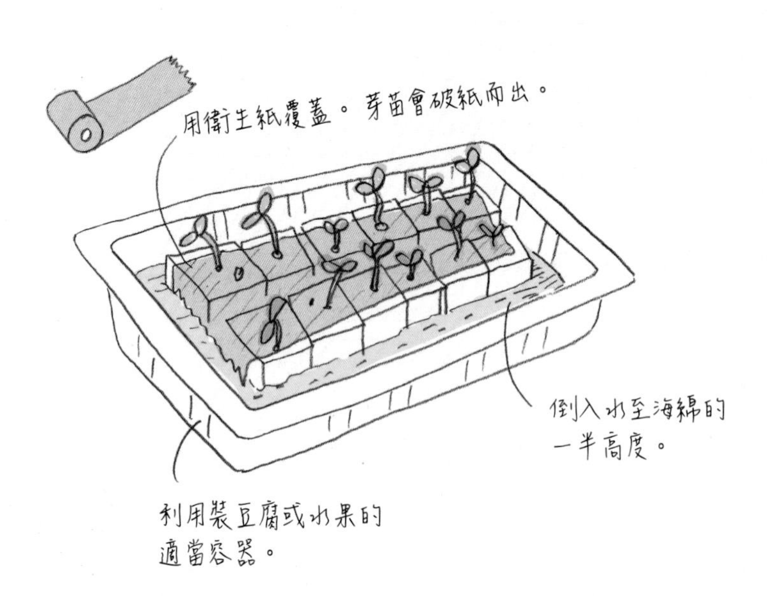

打造海綿苗的必備品

◎蔬菜種子　◎海綿　◎容器　◎竹籤　◎衛生紙

1

裁切海綿

將洗碗海綿的網子部分拆下後，裁剪成1.5cm的方塊狀。亦可使用海綿菜瓜布，去除菜瓜布的部分後再裁切即可。科技海綿太硬所以不適用。

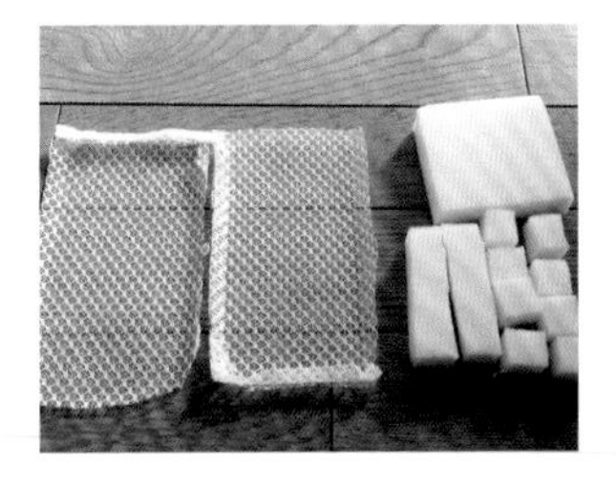

以海綿的部分作為播種用的基質。

2

準備容器以維持水分

這裡是用裝豆腐的容器充當發芽用的器皿。亦可使用便當盒或密封容器等。

MEMO

亦可改用市售的播種專用海綿（2.5cm的方塊）。

3

排出海綿裡的空氣

將海綿放入容器中，從上方倒入自來水。多次按壓海綿，徹底排出裡面的空氣，最後再倒水至海綿一半左右的高度。

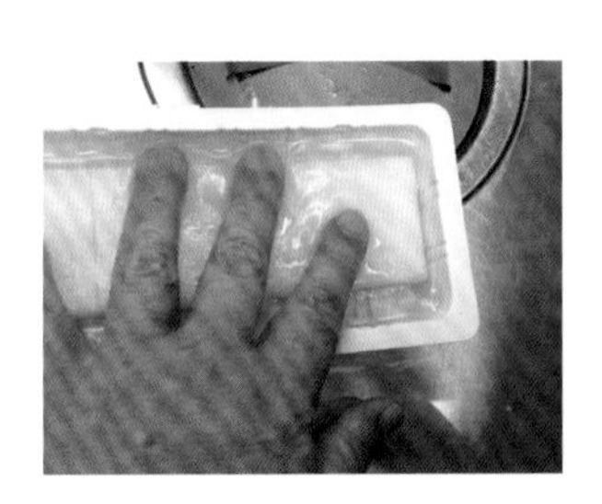

4

播種

每塊海綿上各播種2顆預先備好的種子。竹籤不尖的那頭先泡水，再用來沾黏種子，一顆顆放置在海綿上。如此便可順利播種體積小的種子。

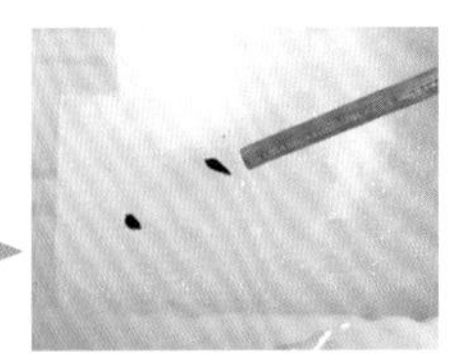

將種子置於海綿上時要輕柔，稍微觸碰到即可。

5 用衛生紙覆蓋

將衛生紙裁切成可以覆蓋整個海綿表面的大小，覆蓋在海綿上。從上方滴水弄濕衛生紙表面，置於無陽光照射的場所直到發芽為止。

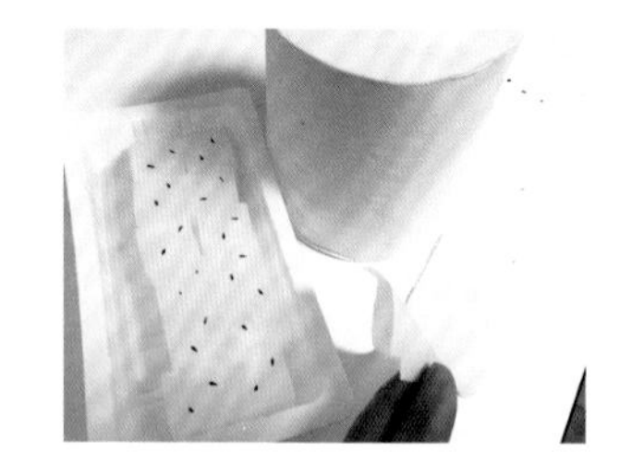

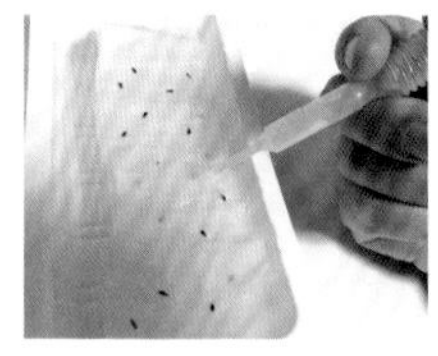

利用滴管等來補給水分，讓表面隨時保持在濕潤狀態。

6 靜候長出雙葉

發芽後移至明亮的場所，水位維持在海綿的一半高度。長出雙葉後即可照射陽光。大部分的蔬菜大約2週左右就能培育出可以定植的幼苗。

海綿苗可以應用於各式各樣的栽培法中

海綿苗

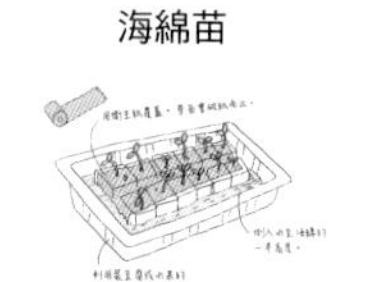

茶包袋栽培

P25～

軍艦卷栽培

P32～

格狀育苗盤栽培

P36～

塑膠籃水耕栽培

P39～

海綿苗可以一分為二

萬一發芽率太差，幼苗就會不夠用。這種時候不妨有效利用2株都長得很好的海綿苗。將海綿切半分成2株，接著將未發芽的海綿也切成2等分，貼附在分株後的海綿苗上以求穩固幼苗。

2

利用水耕栽培層來栽種❶

最適合種植葉類蔬菜的茶包袋栽培法

待種子發芽且雙葉變大後，即可定植至水耕栽培層上。在此介紹我最常用的茶包袋栽培法。這種做法的靈感是來自掛在杯子上的掛耳式咖啡包，很適合用來栽種葉類蔬菜。完全不使用基質，因此在室內栽培也不怕弄髒。失敗率低，可以期待大量採收。

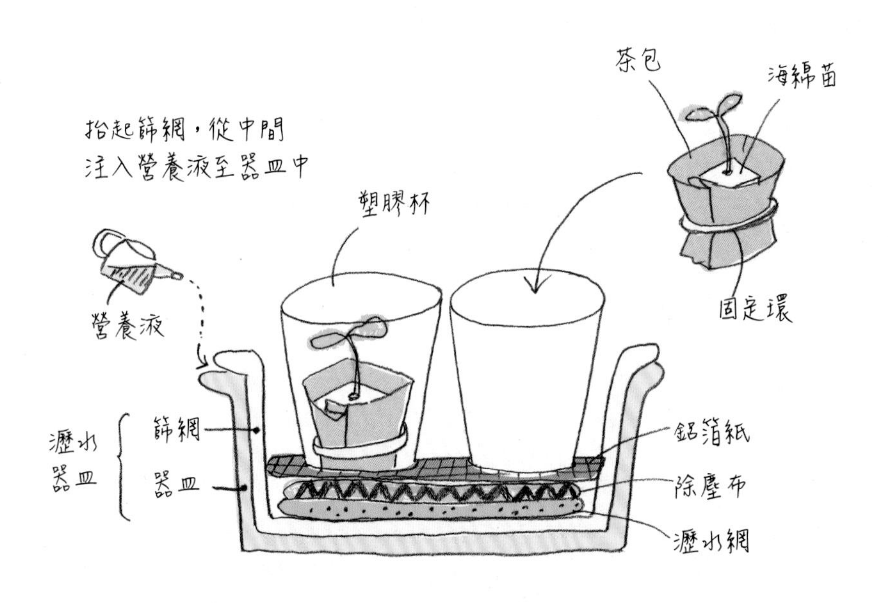

打造水耕栽培層的必備品

◎長出雙葉的海綿苗　◎液態肥料（HYPONICA 營養液）
◎瀝水器皿（以篩網與器皿組成，B5 大小）　◎瀝水網
◎除塵布（不織布製成的擦拭布）　◎塑膠杯　◎鋁箔紙　◎茶包袋

調製營養液

有了用HYPONICA營養液稀釋而成的營養液，即可栽培萵苣、根莖類蔬菜、番茄或豆類，任何種類的蔬菜皆適用。

1 準備HYPONICA營養液

HYPONICA營養液是由A液和B液組成，稀釋成500倍的量來使用。從定植至採收前一刻，調配比例始終不變。

2 稀釋

將500mℓ的水倒入容器中，用計量湯匙加入1mℓ的A液，再加入1mℓ的B液，整體拌勻即完成500倍量的HYPONICA稀釋營養液。

製作2、3天就能用完的量。完成的營養液若受到陽光直射會滋生藻類，最好保存在廚房角落等陰暗處。

打造水耕栽培層

水耕栽培層是以瀝水器皿、瀝水網、除塵布、塑膠杯與鋁箔紙打造而成。

1 製作營養液器皿

準備瀝水器皿、2片瀝水網與除塵布。將2片瀝水網對折2次疊成8層，鋪在篩網中，上面再疊放一層裁剪成與篩網大小一致的除塵布。

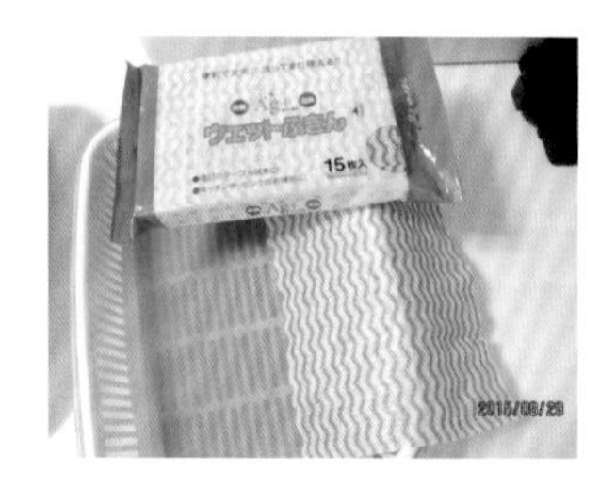

瀝水網是基質的替代品，除塵布則是為了均勻供給營養液，即使將水耕栽培層置於稍微傾斜的地方也不受影響。

2 製作遮光板

製作可以遮蔽陽光的遮光板，預防藻類滋生。配合篩網底部的大小裁切鋁箔紙。

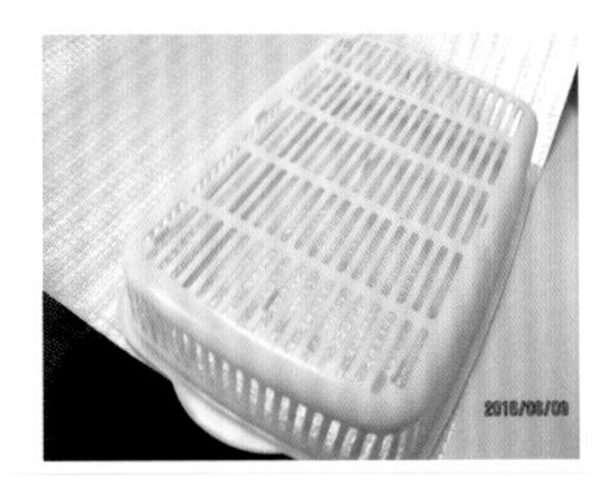

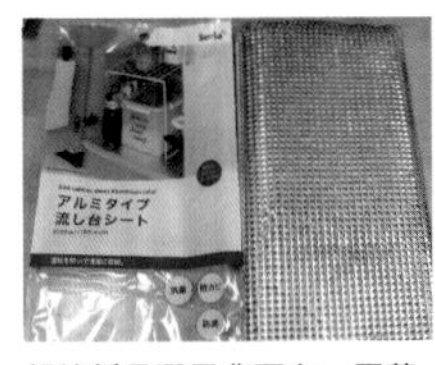

鋁箔紙是選用背面有一層薄海綿的產品。上面呈棋盤狀的紋路可便於裁切。

3 決定塑膠杯的擺放位置

步驟2的鋁箔紙裁剪好後，將海綿面朝上放置。接著將篩網確實對齊擺於其上，決定好塑膠杯的擺放位置。

將海綿面朝上是為了讓接下來用麥克筆畫圓的作業更輕鬆。

4 用筆在篩網的空隙間畫上記號

挪開一個塑膠杯。用筆尖較細的麥克筆穿過篩網的空隙，在鋁箔紙上畫記號，標示放置塑膠杯的中心點。其他塑膠杯也如法炮製。

5 畫圓

移開塑膠杯和篩網，以畫在鋁箔紙上的記號為中心，用麥克筆描繪出和塑膠杯底部同等大小的圓。

6 剪出要套進塑膠杯的圓洞

用剪刀將27頁步驟5畫好的圓剪下來。剪好6個圓洞後，將鋁箔紙縱切成半，放入步驟1的器皿中，確認位置與大小。

7 倒入營養液

注入營養液直到除塵布浸泡其中為止。營養液容易滋生藻類，所以不要倒太多，讓除塵布表面浸泡在營養液中即可。如果倒太多就再倒回去。

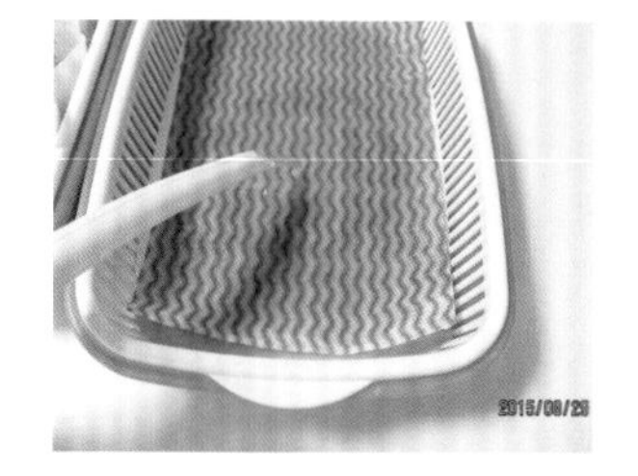

將鋁箔紙並排放在除塵布上。營養液沾濕了除塵布，所以兩者可以緊密貼合。

如果想學懶人栽培法……

又要製作遮光板、又要加工塑膠杯，應該還是會有人嫌麻煩，希望嘗試更輕鬆的水耕栽培吧。此時不妨用「懶人栽培層」來栽種。只需要在瀝水器皿或適當的容器中鋪好瀝水網與除塵布，注入營養液，再將已完成的茶包袋苗（參照P.30）放進去即可。此方法省略了遮光板的製作與塑膠杯的加工。雖然會發生藻類滋生或葉片重疊等不良狀況，但還是能有不錯的收穫。

只需要將茶包袋苗並排在瀝水器皿裡。

使用適當的容器進行茶包袋栽培也OK。

加工塑膠杯

加工塑膠杯製成盆器，
以便密植栽培並防止倒伏（倒臥），
利用裁剪後餘留的部分製成固定環，
即可讓海綿苗與茶包袋貼合。

1 裁剪塑膠杯的底部

用剪刀從塑膠杯底部距離邊緣約5mm處切入，沿著內側（大部分塑膠杯的這個位置都有溝槽）剪下一個圓片。

2 沿著塑膠杯底部邊緣裁剪

剪刀從塑膠杯底部的外側切入，沿著邊緣剪下一個圓圈，即完成一個固定環。

3 加工塑膠杯與固定環

固定環是為了讓海綿苗與茶包袋貼合，因此套上這個環可方便根部吸收營養液。杯子和固定環上如果剪得彎曲不平，須修剪成滑順的圓弧。

亦可用園藝專用金屬線來製作固定環。

將海綿苗裝進茶包袋內固定

將海綿苗裝進茶包袋裡，
套上固定環稍作固定，
好讓茶包袋與海綿苗貼合。

1 將茶包袋裡外翻面

茶包袋裡外翻面後，用筷子將底部撐開成盒狀。如此一來，放入海綿苗時會比較穩定。

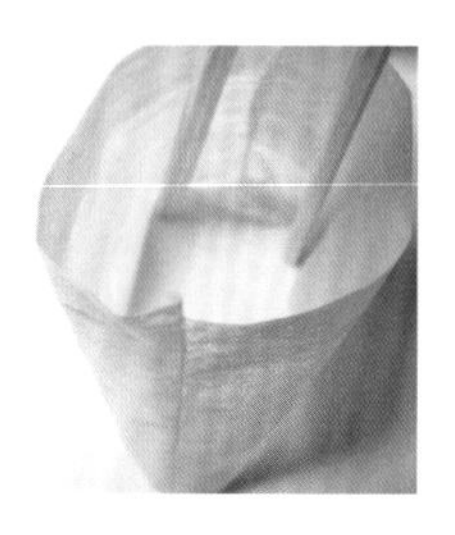

使用小號的茶包袋。

2 將海綿苗放進茶包袋內

用筷子夾起1個海綿苗，輕輕放入茶包袋中。

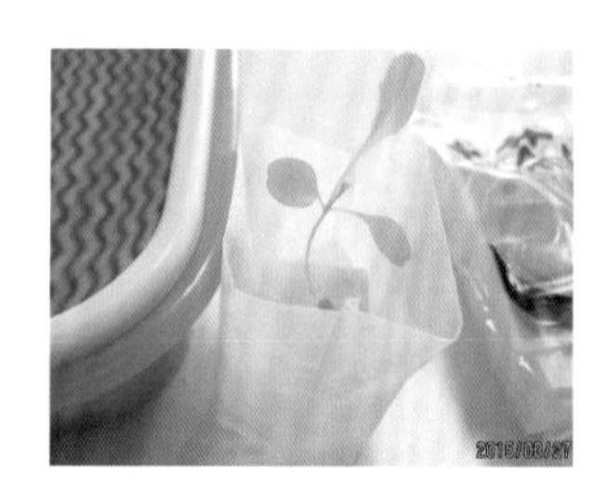

3 將固定環套在茶包袋上

將裝了海綿苗的茶包袋塞進第29頁剪好的固定環中，位置大概套到海綿的一半高度。

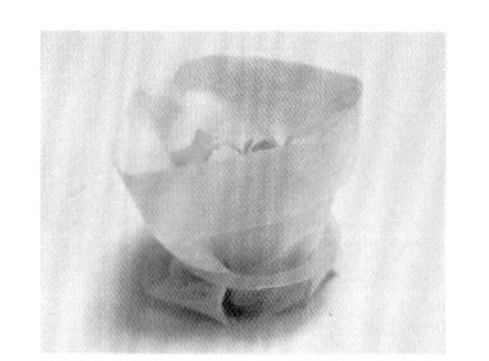

海綿苗與茶包袋確實密合。

調製營養液 ➡ 打造水耕栽培層 ➡ 加工塑膠杯 ➡ 將海綿苗裝進茶包袋內固定 ➡ 將茶包袋苗安置在水耕栽培層上

將茶包袋苗安置在水耕栽培層上

最後要將幼苗定植至水耕栽培層上。

1 將塑膠杯置於營養液器皿中

將第29頁挖空底部的塑膠杯一個個並排在第26頁打造的水耕栽培層上。

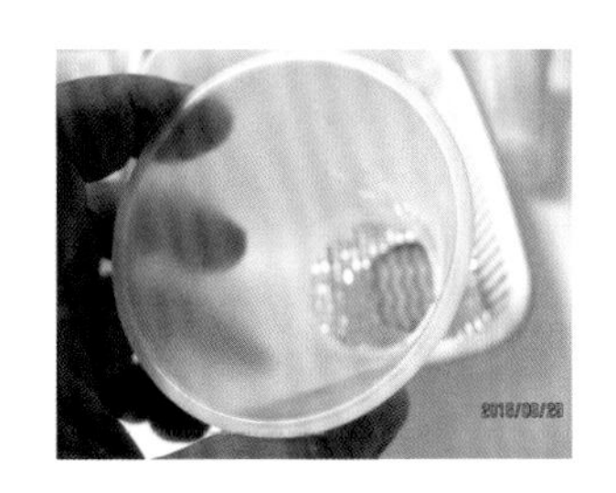

2 將茶包袋苗放入

將茶包袋苗逐一放進塑膠杯中，確保茶包袋苗貼合於鋁箔紙的圓洞。茶包袋苗安置在水耕栽培層上即完成定植作業。

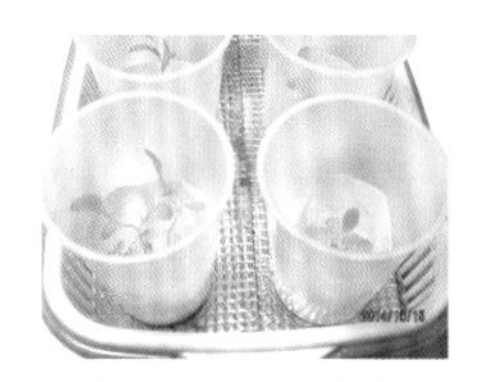

將茶包袋苗安置在水耕栽培層上的完成照。

3 靜候成長

水耕栽培層須置於陽光照射的場所。之後每天檢查一次營養液的量，讓除塵布維持浸泡在營養液中的狀態。右方照片是定植至水耕栽培層上後，經過1個月左右的狀態。

補充營養液時，先將篩網邊緣抬起再注入。

3

利用水耕栽培層來栽種❷

藻類全面封殺！軍艦卷栽培

用塑膠杯和蛭石即可進行水耕栽培，距離我發現這個方法已經12年了。然而只要有光和水就會滋生藻類，在經歷這段長期抗戰後，我終於找到這個戰勝藻類的方法。我把海綿比喻成壽司飯，幼苗的雙葉為配料，鋁箔紙則是海苔，命名為「軍艦卷」。適用於所有葉類蔬菜的栽培。

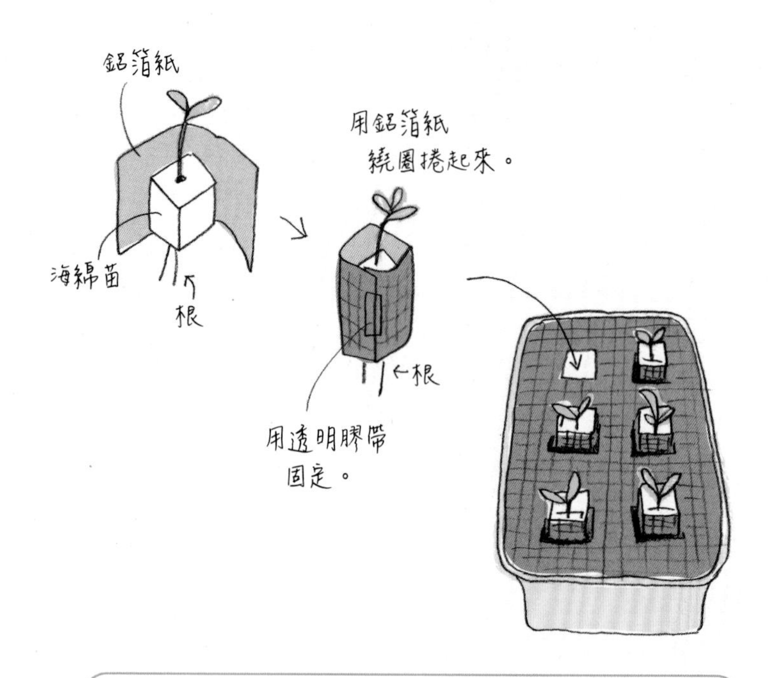

製作軍艦卷的必備品

◎海綿苗　◎鋁箔紙　◎瀝水器皿
◎瀝水網　◎除塵布　◎透明膠帶

製作軍艦卷苗

利用鋁箔紙製作軍艦卷苗，可防止幼苗倒伏又兼具遮光功能。
將鋁箔紙裁剪成海綿苗的兩倍高，以便幼苗憑靠。

1 裁切鋁箔紙

用鋁箔紙捲繞海綿苗，即成為海綿苗的支架兼遮光板。先將鋁箔紙裁切成長11cm、寬5cm的大小。

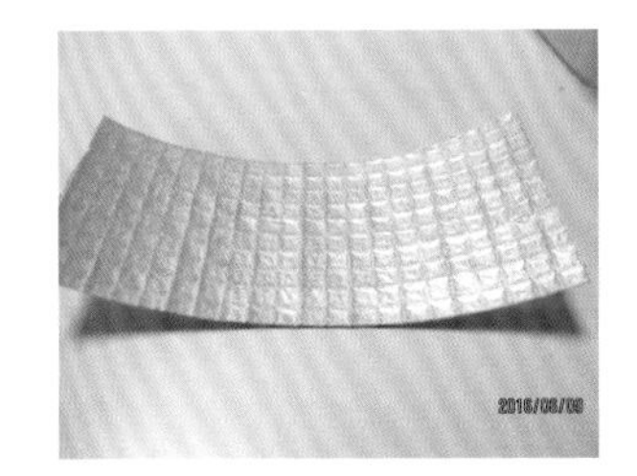

左圖鋁箔紙的尺寸適用於2.5cm的方形海綿。鋁箔紙的尺寸須配合海綿的大小做調整。

2 捲起海綿苗

將海綿苗放在鋁箔紙左右任一邊靠近邊緣的位置，靠下方（底部）對齊，逐步捲起鋁箔紙。

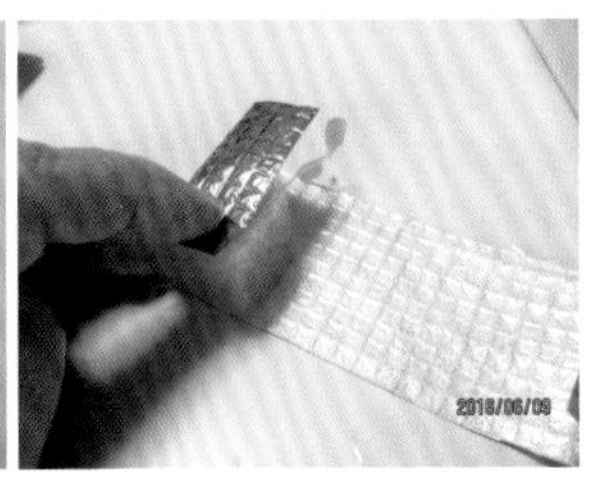

3 確認雙葉與根，並用透明膠帶固定

捲好鋁箔紙後，用透明膠帶固定接合處。確認幼苗是否倚著鋁箔紙探出頭來，而根部則須從下方（底部）露出來。

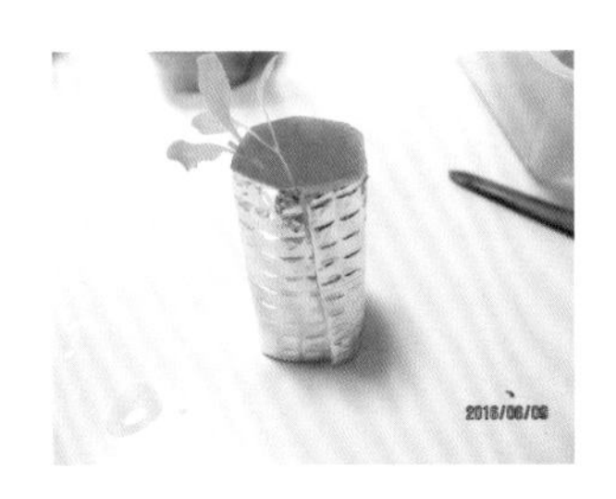

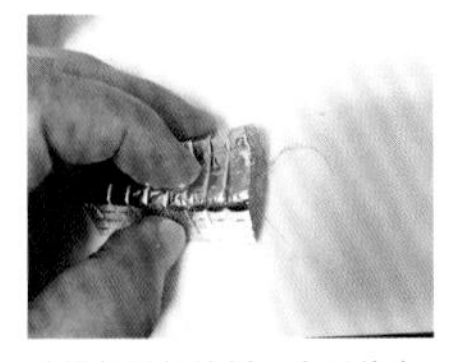

讓根部從鋁箔紙下方延伸出來。

② 打造遮光板安置在上方的營養液器皿

打造軍艦卷專用的遮光板是為了預防藻類滋生。
在水耕栽培層上方放置遮光板，藉此反射陽光，
防止藻類滋生。

1 在鋁箔紙上畫記號

配合篩網上方的大小裁剪鋁箔紙，等間隔畫上記號，確保能放入6個軍艦卷苗。

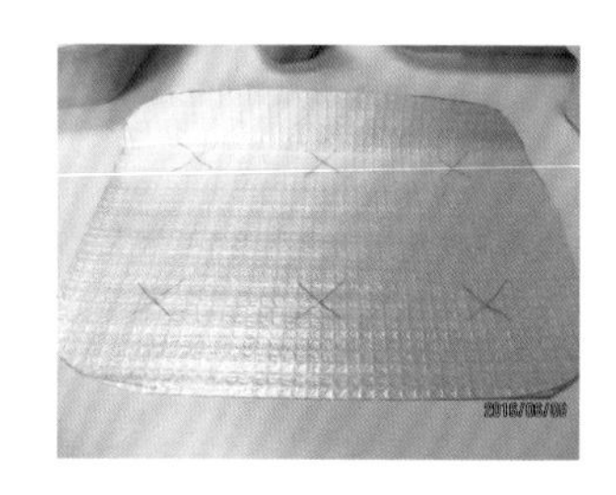

2 裁剪切口

以畫好的×記號為基準剪出一個個切口。依圖所示將鋁箔紙摺起來，再用剪刀或美工刀等裁切。

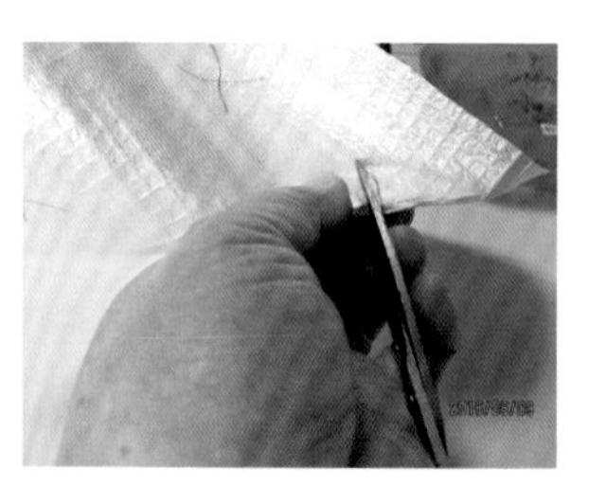

之後會將軍艦卷苗一一插入這些畫×記號的切口內。

3 打造營養液器皿

參照第26頁「打造水耕栽培層」的步驟1，將瀝水網鋪在篩網上，上面再鋪放除塵布。

4 倒入營養液後再安置遮光板

在營養液器皿中注入足以浸泡除塵布的營養液。將遮光板覆蓋在篩網上方，拉整表面並用透明膠帶固定。

5 將軍艦卷苗插入水耕栽培層中

將33頁完成的軍艦卷苗逐一插入步驟4的水耕栽培層裡。剪出×形切口處的鋁箔紙片也隨著軍艦卷下方一起折入遮光板底下。

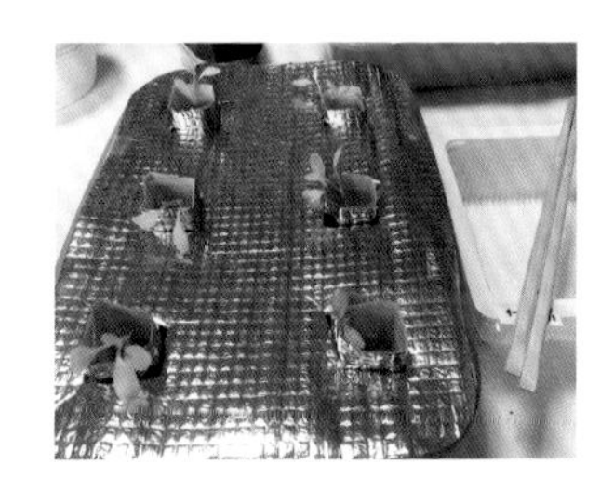

6 靜候成長

將水耕栽培層置於陽光照射的場所，之後每天抬起篩網的一端檢查營養液的量，讓除塵布維持浸泡在營養液中。鋁箔紙可防止幼苗倒臥。

MEMO

如果栽培的蔬菜是會逐漸往外擴展葉片的類型，則用塑膠杯各別套住軍艦卷即可。

打造遮光板安置在下方的營養液器皿

我大概有2年的時間都是將遮光板安置在篩網上方來栽種，後來才明白遮光板鋪在篩網底部也行得通。這麼一來就清爽多了，擺在室內也比較美觀。

按照第34頁步驟1和2的方式，在鋁箔紙上裁剪出切口（鋁箔紙的大小一樣即可）。在營養液器皿中倒入足以浸泡除塵布的營養液，接著在除塵布上鋪鋁箔紙，最後再將軍艦卷苗逐一插入。

遮光板安置在下方的水耕栽培層

利用水耕栽培層來栽種❸

4

寒冷時期的水耕栽培，採用格狀育苗盤栽培法

寒冷時期建議以格狀育苗盤栽培法來進行水耕栽培。格狀育苗盤照射到陽光容易增溫，盤裡裝的基質也有保溫根部之效，因此即使在低溫下，栽培的生長速度會比茶包袋或軍艦卷還快。

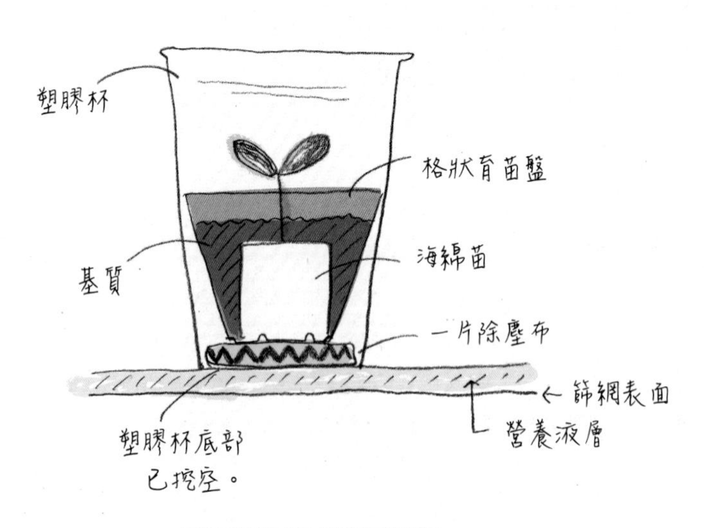

※營養液層是由瀝水網與除塵布組成。

打造格狀育苗盤栽培裝置的必備品

◎海綿苗　◎格狀育苗盤　◎塑膠杯　◎瀝水器皿
◎瀝水網　◎除塵布　◎基質（椰殼纖維與水苔）

1

在格狀育苗盤底部裁剪切口

用剪刀在育苗盤底部剪出×形切口，好讓根部伸展出來，以便更容易吸取營養液。反覆此作業剪好定植所需的數量。

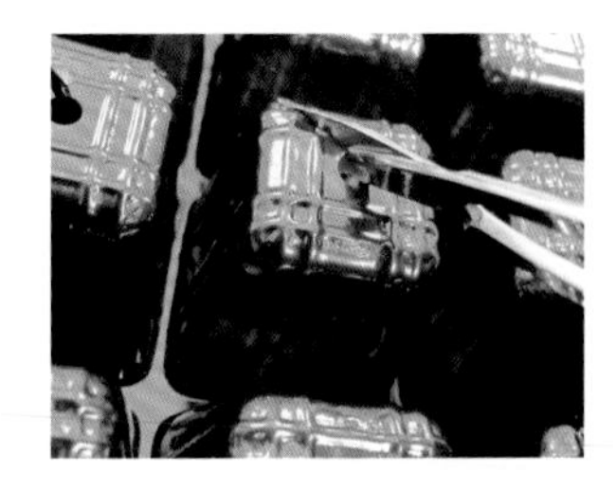

在園藝店或家居用品店等處能以低價購得格狀育苗盤。

2

加粗切口

將切口加粗至1mm左右，以利營養液與根部穿透。將格狀育苗盤一個個裁剪分開。

3

裁剪格狀育苗盤的四個角

將塑膠杯的底部整個剪下來，再把步驟2加工好的格狀育苗盤裝進杯中，確認是否有下降至杯底。若因育苗盤的四個角卡住而裝不進去，則要大幅修剪四個直角，好讓育苗盤能下降至底部。

剪掉直角。

4

打造水耕栽培層

參照第26頁的「打造水耕栽培層」，在篩網上鋪放瀝水網與除塵布，接著在遮光板上裁剪出與塑膠杯底部大小一致的圓洞，再疊放其上。

5 將海綿苗放進格狀育苗盤中

在育苗盤底部鋪上一片和底部大小吻合的除塵布。將海綿苗的四個角對著育苗盤的邊放入，再用基質填塞空隙並覆蓋表面。最後整個放入塑膠杯中。

確認一下育苗盤底部是否有下降至塑膠杯底部。

6 將格狀育苗盤安置在水耕栽培層上

從步驟4打造的水耕栽培層的遮光板縫隙間，注入足以浸泡除塵布的營養液，再將裝了育苗盤的塑膠杯逐一放入遮光板的圓洞中。

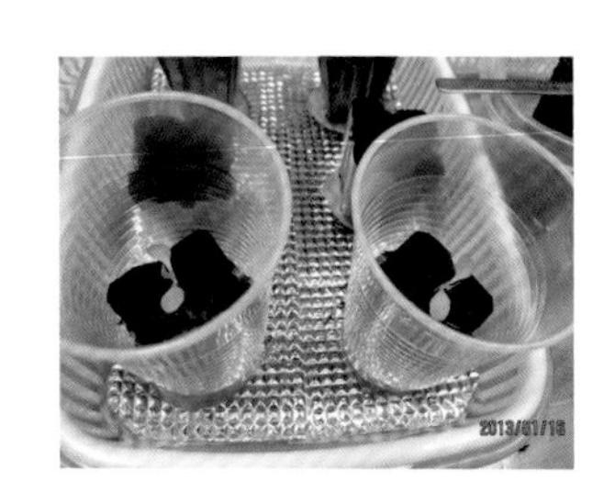

7 靜候成長

將水耕栽培層置於陽光照射的場所，之後每天檢查一次營養液的量，讓除塵布維持濕潤狀態。照片為定植至育苗盤後1個月左右的沙拉菜。

清潔營養液器皿

無論遮光做得再完美，水耕栽培層上還是會有藻類滋生。只要藻類不在根部大量繁殖，就不會導致根部腐爛或是妨礙營養的吸收，但是器皿還是每半個月清潔一次為宜。這個水耕栽培層可從篩網處將上半部分取下，所以清潔起來很簡單。不需要清潔劑，用海綿就能將藻類沖刷掉。

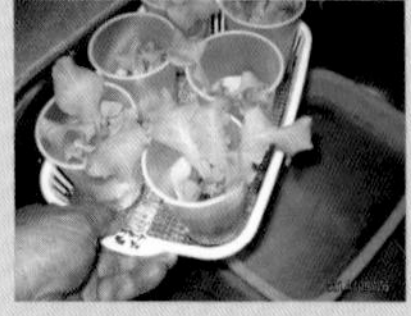

從篩網處拿起上半部分，和器皿分離。

用海綿將附著在器皿上的藻類沖刷乾淨。

利用塑膠籃水耕栽培來栽種

5 栽種大型蔬菜時，採取塑膠籃水耕栽培法（附自動供水瓶）

番茄、馬鈴薯和豆類等植物會長得很大，培育出幼苗後即改用塑膠籃水耕栽培裝置來栽培。此法也適用於栽培市售的幼苗。若進一步安置自動供水瓶，還能省去不少追加營養液的麻煩。

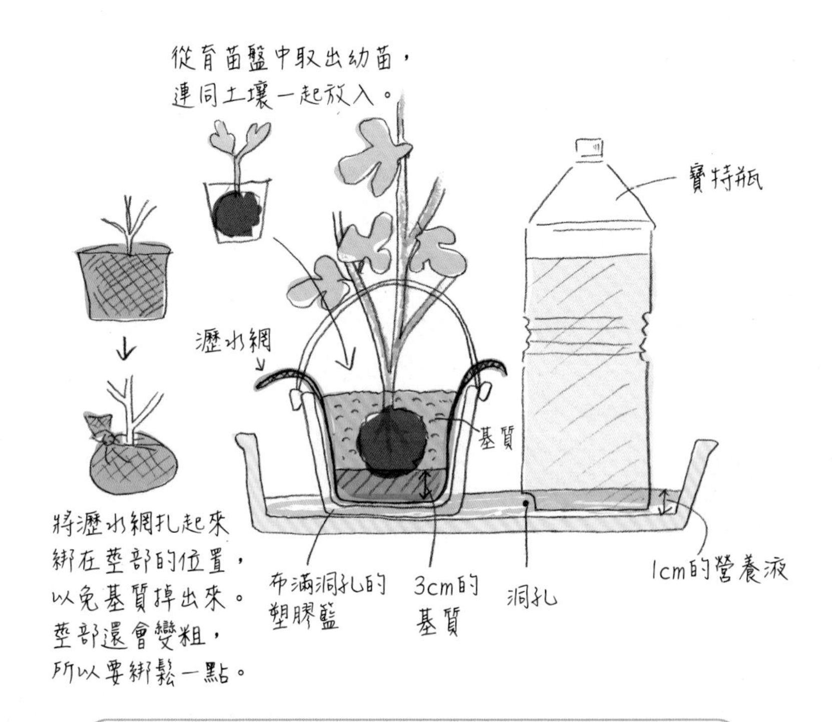

打造塑膠籃水耕栽培裝置與自動供水瓶的必備品

◎幼苗　◎小型塑膠籃（直徑 10 cm，高 10 cm）　◎寶特瓶 (500 mℓ～ 2 ℓ)
◎器皿　◎瀝水網　◎基質（椰殼纖維與水苔）

① 將幼苗定植至塑膠籃水耕栽培裝置上

水耕栽培大型蔬菜時，有沒有更適合的方法呢？
我想到的就是垃圾桶栽培法：先在垃圾筒底部鑽孔，再置於營養液器皿中。
有了這個裝置即可水耕栽培大型的蔬菜，我又進一步嘗試摸索，
結果發現用小型塑膠籃代替垃圾桶來栽種也行得通。

1 製作混合基質

讓椰殼纖維吸水膨脹，水苔則切割成小塊狀。椰殼纖維與水苔各取一半攪拌混合。

2 將基質放入塑膠籃中

裁剪瀝水網的側面與底部，攤開成一片鋪放在塑膠籃裡，讓網子上方從塑膠籃上端露出來，即可避免基質掉出來。將步驟1的混合基質倒入至離底部3cm左右的高度。

使用百圓商店購買的小型塑膠籃。

3 放置幼苗

從育苗盤中取出市售的幼苗，保留土壤直接擺在混合基質上。用混合基質覆蓋幼苗的根部與周圍，一直埋到接近塑膠籃上緣處為佳。

從種子培育，再移植至格狀育苗盤中的幼苗做法也一樣。

4 將瀝水網的邊緣集中綁起來，注入營養液

將瀝水網的上方往幼苗中心處集中，用繩子輕輕綑綁，以免基質散落。營養液剛倒入營養液器皿時，幼苗會大量吸收營養液，所以要補充至1cm左右的高度。

塑膠籃上的手把之後可以立起來充當支柱。

5 靜候成長

將水耕栽培裝置安置在日照充足的地方。之後早上傍晚要各檢查一次營養液的量，維持在離底部1cm的高度。

MEMO

倘若營養液的消耗量不斷遞增，不妨安置接下來要介紹的自動供水瓶。

將幼苗定植至塑膠籃水耕栽培裝置上 ➡ **製作自動供水瓶** ➡ 製作零水位自動供水瓶

2 製作自動供水瓶

蔬菜長大後，營養液的消耗量也會遞增，光靠營養液器皿會來不及供應。
此時煤油暖爐的補油桶讓我靈機一動，因此設計出可以自動補給營養液的自動供水瓶。
如此一來便可以不間斷供應幼苗所需的營養液，預防營養液消耗殆盡。

1 在欲鑽孔的地方畫上記號

在距離寶特瓶底部的角約1cm高的位置用麥克筆畫上欲鑽孔的記號。

2 用電烙鐵或加熱過的錐子鑽孔

利用電烙鐵或加熱過的錐子，鑽出一個比原子筆筆桿粗一點的洞孔。

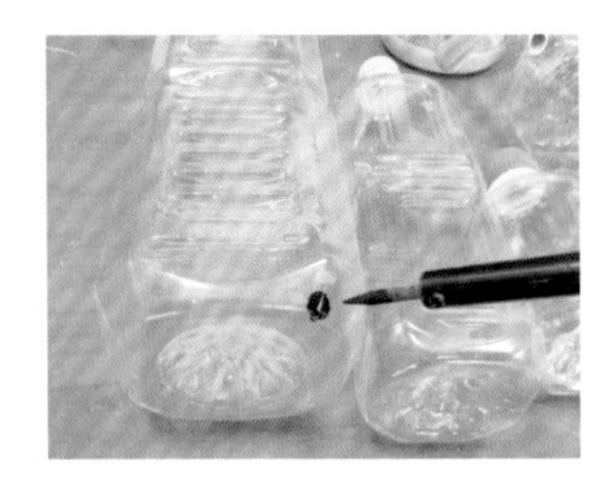

在欲鑽孔的位置畫上菱形記號，再用美工刀切下菱形孔也OK。

3 注入測試用的水

鑽好孔後，確實旋緊寶特瓶瓶蓋。將水壺嘴插入底部的洞裡，倒入水至寶特瓶一半左右的高度。

MEMO

如果沒有水壺，可以用手指塞住洞孔，從上方瓶口倒入水後再確實旋緊瓶蓋。

4 確認

將瓶子立於營養液器皿中，確認水位是否達到洞孔的上緣。用抹布吸取器皿裡的水，水位降低後，瓶內的水會從洞孔流出補足水位就OK。

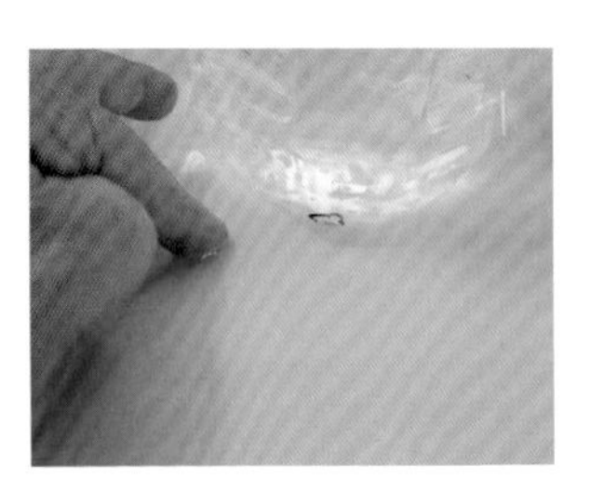

MEMO

用手指確認水位是否達1cm。若出水狀況不佳時，則一點一點往上擴大洞孔。

營養液大量消耗時該如何應對？

番茄、苦瓜與小黃瓜這類蔬菜的葉片茂密且植株會不斷抽高，後期會消耗大量的營養液。而這類蔬菜大多會在入夏後成長茁壯，營養液的消耗量還會再增加。為此，早上傍晚都要檢查營養液器皿，營養液減少的話就要追加。此時若有自動供水瓶會方便不少。亦可視情況安置2瓶來維持營養液的量。

3 製作零水位自動供水瓶

塑膠籃水耕栽培裝置若放在陽台或庭院等處，營養液中會孳生孑孓。
我改良出零水位自動供水瓶來預防這種狀況，
用於栽種營養液消耗量低的蔬菜很方便。
要點是寶特瓶上的孔位逼近瓶底，並且鑽得比原子筆筆桿稍微大一些。

1 於器皿中鋪上瀝水網與除塵布

將1片瀝水網對折兩次疊成4層，鋪在器皿底部。將裁切成器皿大小的除塵布疊放其上。

2 於鋁箔紙上剪出圓洞

配合器皿大小裁切鋁箔紙，接著在上面裁剪出圓洞，大小須和塑膠籃與自動供水瓶的底部一致。在寶特瓶接近底部的位置鑽孔。

放上塑膠籃與自動供水瓶，確認尺寸是否吻合。

3 安置塑膠籃水耕栽培裝置與自動供水瓶

安置塑膠籃水耕栽培裝置與自動供水瓶，確認是否能順利供給營養液。營養液只須維持在不會淹過鋁箔紙的量即可。

若能為塑膠籃水耕栽培裝置與自動供水瓶加一道遮光設計會更完美。

關於基質的小常識，保存空氣與水分

基質是用來保存根部周圍的空氣與水分。我進行水耕栽培時的特色在於，栽種葉類蔬菜時會使用瀝水網與除塵布（不織布材質的擦拭布）代替土壤作為基質。培育番茄或薯類等大型作物時，使用的基質大部分是以便宜的椰殼纖維和稍貴的水苔分量各半混製而成。如此一來，不但蔬菜長得好，採收並撤除後還能當作可燃垃圾※來處理。

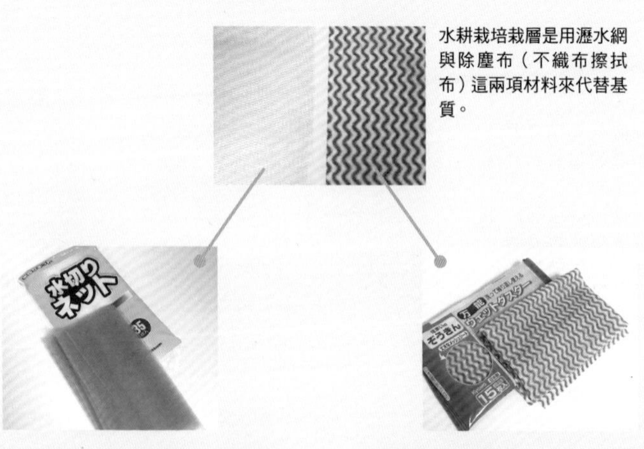

水耕栽培栽層是用瀝水網與除塵布（不織布擦拭布）這兩項材料來代替基質。

水耕栽培栽層中的瀝水網，功用在於透氣及維持營養液的量。編得愈細密的瀝水網愈適合用來代替土壤。

除塵布亦可充當基質，即便將水耕栽培層安置在稍微不穩定的地方，也能完成供應營養液給所有幼苗的任務。我介紹的栽培法中，提到的除塵布皆是指不織布擦拭布。所謂的不織布，正如文字所示，是一種未經紡織，而是藉由加熱或機械式製法使纖維交織而成的布。

※垃圾分類請遵循各地區的規定。

栽培大型蔬菜時我常用的基質

椰殼纖維（棕櫚果殼）

以椰子殼為原料製成的園藝用纖維。因為經過壓縮成型，所以加水就會膨脹到8倍以上，成為吸水性絕佳的基質。1ℓ才35～40日圓，便宜也是一大魅力。在大部分的百圓商店都買得到。

（註：台灣可上網路商店或是園藝店購買）

水苔

保水力與透氣性極佳的園藝用基質，適合用於水耕栽培。可吸收儲存大量的營養液。特色在於十分柔軟，不太會傷害到根部。

最初是乾燥狀態。用剪刀剪得細碎，泡水膨脹後使用。

珍珠岩

是一種園藝專用素材，壓碎石英岩後進行高溫處理，再經過人工發泡而成。質輕且透氣性佳。與毛豆、扁豆等豆類十分契合，我也曾用來栽種羅勒。通常是單獨使用。

蛭石

這種以礦物（硅酸鹽礦物）為原料製成的蛭石常用於水耕栽培，栽種任何蔬菜都適用。我以前也很常用，不過蛭石細碎容易飛揚而搞得室內到處都是，所以現在幾乎沒在用。

6

提高收穫量的創意點子❶

保護蔬菜免於蟲害的
防蟲網狀膠囊

防蟲害措施是蔬菜栽培中最傷腦筋的一環。尤其是在陽台等戶外進行水耕栽培，更是免不了要對抗害蟲。我不想使用農藥，於是試著用洗衣籃作為骨架，再用超大型洗衣袋覆蓋，製成防蟲網狀膠囊。如此便能以物理方式將害蟲摒除在外，有這個道具作為防蟲害措施就夠了。不用時可以摺成小面積，收納起來很方便。

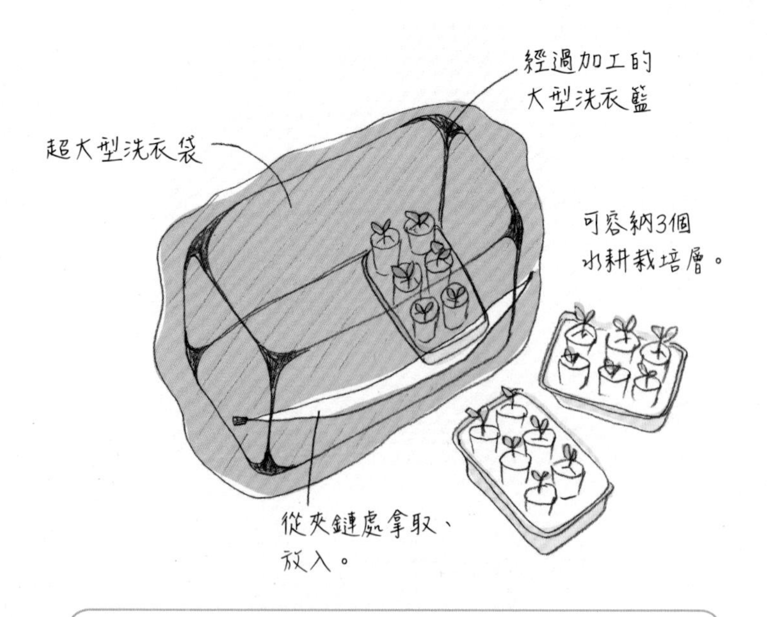

打造防蟲網狀膠囊的必備品

◎超大型洗衣袋　◎大型洗衣籃

1 購買洗衣袋與洗衣籃

洗衣袋的大小必須能夠容納洗衣籃，購買請謹慎確認長寬高的尺寸。

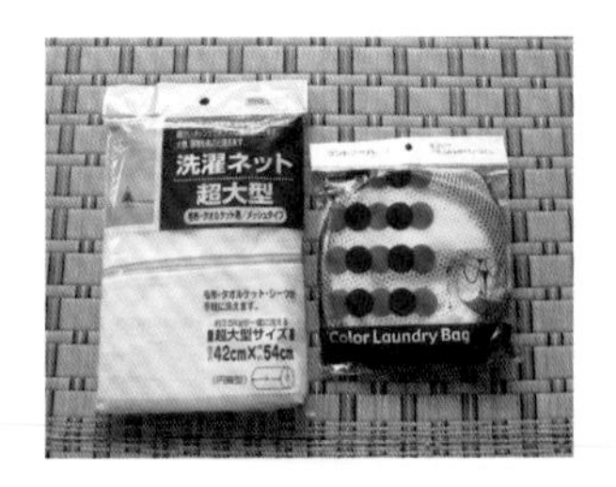

挑選能容納洗衣籃的洗衣袋。

2 加工洗衣籃

組裝好洗衣籃，再將底部和夾鏈面裁剪下來。裁剪時在骨架附近預留些許網子與布料以防變形。

3 用洗衣袋包覆洗衣籃

用洗衣袋包覆經過加工的洗衣籃。將水耕栽培層放入其中，拉開夾鏈即可取出或放入。

4 將水耕栽培層放進防蟲網內

這個防蟲網內可以容納3個B5大小的水耕栽培層。如此便萬事俱備，可以栽培無農藥蔬菜了。

不拉開夾鏈很難觀察裡面的狀況，不過這樣就能徹底將害蟲摒除在外！

7

提高收穫量的創意點子❷

日照不足的室內也OK！電照栽培裝置

在日照不足的室內或是梅雨時節進行水耕栽培，電照栽培法就能派上用場了。可以在惡劣條件下進行水耕栽培，而且比起自然光栽培，只要½～⅔的天數就能採收。植物栽培用LED燈以前1支要價2萬日圓左右，如今愈來愈便宜，只需¼左右的價格，買起來比較不心疼。

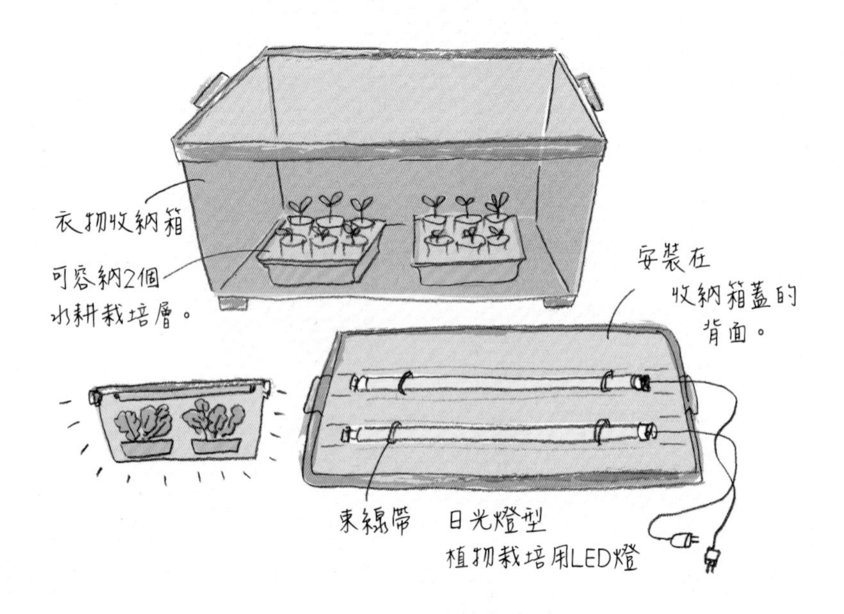

打造電照栽培裝置的必備品

◎日光燈型植物栽培用LED燈(20W)　◎束線帶
◎衣物收納箱（長70㎝×寬40㎝×高37㎝）

1

加工植物栽培用LED燈

準備衣物收納箱與2支20W的日光燈型植物栽培用LED燈。將收納箱蓋翻面，配合1支LED燈的大小，用電烙鐵等工具在蓋上鑽孔，再用2條束線帶固定燈的兩端。

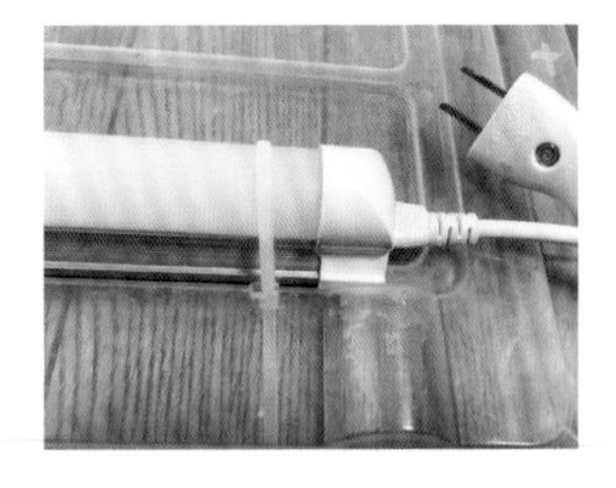

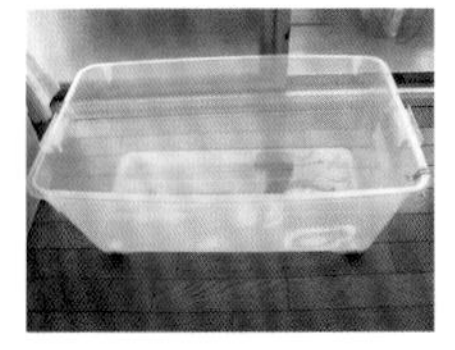

長70cm、寬40cm、高37cm的衣物收納箱是最適合的大小。

2

裝設2支植物栽培用LED燈

如照片所示，收納箱蓋的背面安置了2支植物栽培用LED燈。這種燈不會產生熱能，所以緊貼在收納箱上也安全無虞。

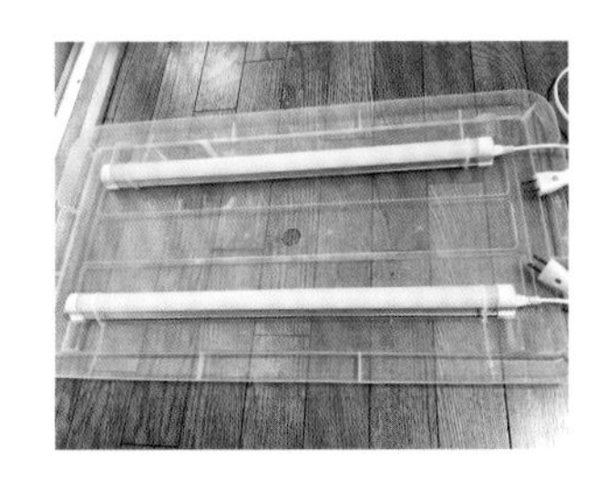

3

將水耕栽培層放入收納箱裡

這種尺寸的衣物收納箱可容納2個B5大小的水耕栽培層，也就是栽種12株。

4

蓋上箱蓋照射燈光

蓋上箱蓋後，通電讓燈光照射蔬菜。箱蓋稍微錯開留些縫隙，以免蔬菜窒息。

5

靜候成長

1天24小時不間斷地照射燈光。大概1個月就能培育成如照片般的大小。萵苣一般要花2個月左右才能採收，不過可以採收35～40天。

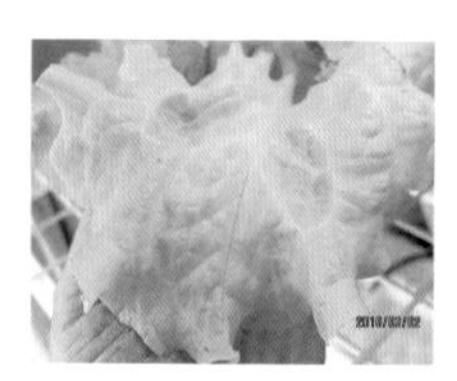

電照栽培也能種出和自然光栽培一樣健康的蔬菜。

比較電照栽培與自然光栽培的生長狀態，竟有如此大的差異

來看看電照栽培和自然光栽培之間有多大的差異吧！10月26日完成拔葉萵苣和沙拉菜的定植，從這個階段開始實施電照栽培（軍艦卷栽培）。大約2週後的11月8日，和另一組同天播種、定植並採自然光栽培的拔葉萵苣和沙拉菜（茶包袋栽培）比較看看。電照栽培組的蔬菜大約是另一組的2倍大。

10月26日開始以電照栽培培育拔葉萵苣和沙拉菜。

2週後，和自然光培育的拔葉萵苣（右）比較看看。

2週後也和自然光栽培的沙拉菜（右）比較一下。

結合棚架的電照栽培法

亦可用束線帶將裝設LED燈的衣物收納箱箱蓋固定在棚架上。可吊掛在上層棚架的下方，或是固定在棚架頂端也OK。培育過程中，將成長較緩慢的栽培層移至接近光源的位置。

一個電照栽培裝置可照射一整層。

即使持續照射24小時，電費也微不足道。

第 2 章

每天早上現採！葉類蔬菜

Sunny lettuce

紅葉萵苣

這種萵苣可謂營養素的寶庫。容易栽種，很適合初學者。播種後平均2個月就能初次收成。之後還能持續採收3～4個月。

栽培筆記

家庭菜園最愛種植的就是紅葉萵苣。全年都能栽種，也很適合室內栽培。夏季炎熱時期莖部會抽長（徒長），把這些莖部加入味噌湯格外美味。

營養筆記

紅葉萵苣的特色在於，β胡蘿蔔素、維生素C與E的含量比其他萵苣高出許多。萵苣通常歸類為淺色蔬菜，紅葉萵苣則屬於黃綠色蔬菜。

1

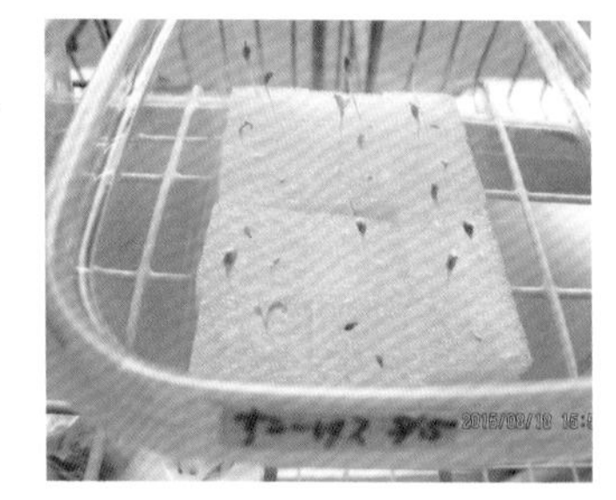

在海綿上播種使之發芽

於適當的容器中放置2.5㎝的方形海綿，在上面各播種2顆種子使之發芽（參照P.22）。發芽後，水量維持在海綿一半左右的高度。

若要以水耕栽培種植萵苣，紅葉萵苣是首選。

2

定植至水耕栽培層上

播種約2週後，待雙葉變大即可製成6個茶包袋苗，再定植至水耕栽培層上（參照P.25）。接下來的栽培期間須讓除塵布時時浸泡在營養液中。

水耕栽培層最好置於日照良好的場所。

播種 發芽 定植 採收

適溫15～17度 2～3天 10天 45天

3

迎接採收期

萵苣類的採收期會因季節而異，最快50天，遲則3個月，平均約2個月就能迎來採收期。

暫時取下塑膠杯

暫時取下塑膠杯以便採收。塑膠杯底部早已挖空，因此可用剪刀縱向裁剪，從茶包袋苗上取下（塑膠杯予以保留，步驟7還會再利用）。

MEMO

如果葉片把茶包底部撐得鼓脹，則須疏苗移除1株。

5

疏苗

亦可從碩大的外葉一片片採摘，不過這次2株都長得很大，所以必須疏苗移除1株，以免過於密植。用剪刀裁剪植株根部來採收。

疏苗成單株後，根部清爽不少。

6

所有茶包袋苗各疏苗移除1株

水耕栽培層內放了6個茶包袋苗。所有茶包袋都疏苗成單株。

7

將塑膠杯套在茶包袋苗上

將暫時取下的塑膠杯套回獨留單株的茶包袋苗上，避免葉片往外擴展。

8

採收期間仍持續栽培

疏苗成單株後，最初會覺得栽培層有點冷清，不過短期間內葉片又會變得茂密。採摘長大的葉片並持續栽培。

採收下來的紅葉萵苣。接下來還會繼續採收。

9

持續採收與栽培

棚架的第2層是紅葉萵苣。疏苗移除1株後，再經過2週就會長大，幾乎每天都可以採收。

生命力旺盛到甚至穿過上方棚架。

Garden lettuce

庭園萵苣

庭園萵苣一次能採收5種左右的萵苣。可以享用豐富多變的滋味，感覺物超所值。

播種	發芽	定植	採收
適溫15～17度	2～3天	10天	45天

栽培筆記

綜合萵苣種子袋裡混合了5～6個品種，英文稱為「Garden lettuce」。味道和顏色繽紛，因此培育過程即為一大享受。發芽時間會因種子而異，有些可能會遲1週才發芽。我習慣每個海綿播種3顆種子，讓這個小庭園更加熱鬧幾分。

營養筆記

萵苣內含的營養素會因品種而異。食用數種類型的萵苣，藉此攝取到均衡的營養。

1

播種並發芽後，進行定植

在海綿上播種使之發芽（參照P.22），待雙葉變大後即定植至水耕栽培層上（參照P.25）。雖然有多種品種，但定植時間相差不遠。

接下來的栽培期間須讓除塵布時時浸泡在營養液中。

2

採收

2個月左右後即為採收期（上層為庭園萵苣）。從大片葉片開始依序採摘。只要打造兩層左右的栽培層，即可取得數種新鮮萵苣製成沙拉來享用。

Manoa lettuce

馬諾阿萵苣

這種半結球萵苣的軟嫩薄葉十分美味。葉尖容易變黑，所以在蔬菜賣場並不常見。不妨在自家栽培來嚐嚐。

栽培筆記

這是一種原產自夏威夷的半結球萵苣，會結出小巧且不緊密的球形。有時會看到賣家以「巴掌大的萵苣」稱之。魅力在於味道不帶澀味，口感十分多汁。

營養筆記

內含維生素C、鈣與鐵且零膽固醇。還含有大量能降低膽固醇的膳食纖維，降低心臟病風險的效果可期。

1

培育海綿苗後，定植至水耕栽培層上

在海綿上播種使之發芽（參照P.22），待雙葉變大後即定植至水耕栽培層上（參照P.25）。栽培期間須讓除塵布時時浸泡在營養液中。

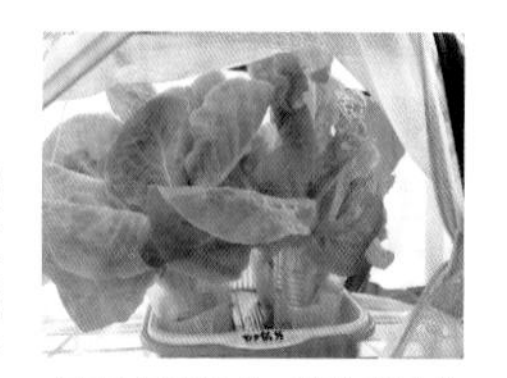

定植1個半月後，萵苣開始結成半球狀。

2

採收

馬諾阿萵苣長得很碩大，葉尖也未變黑。從碩大的外葉開始採摘並持續栽培。

有時候葉片會往外增長，不會結成球狀。

Salad lettuce

沙拉菜

圓狀的葉片又大又厚實。捲起火腿或雞蛋來吃就很可口。這種萵苣含有大量β胡蘿蔔素與各種維生素，營養價值很高。

播種	發芽	定植	採收
適溫 15~17度	2~3天	10 天	60天

栽培筆記

我自小吃可樂餅麵包就一定要夾沙拉菜一起吃。菜的存在感完全不輸可樂餅，教人難忘。雖然歸類在結球類，但實際上只有中央結成不太緊密的球狀。

營養筆記

沙拉菜富含各種營養成分，比如對眼睛有益的維生素A、可促進碳水化合物代謝的維生素B1、可提高免疫力的維生素C，以及有助順暢排鈉的鉀等。可以保護血管、預防高血壓，還能提高免疫力。

1

培育海綿苗後，定植至水耕栽培層上

在海綿上播種使之發芽（參照P.22），待雙葉變大後即定植至水耕栽培層上（參照P.25）。栽培期間須讓除塵布時時浸泡在營養液中。

2

採收

沙拉菜的葉片已經大到下垂。從外葉依序採摘即可長期享用。葉片不耐乾燥，所以採摘後最好立即食用。

未使用土壤卻能種出這麼大片的葉子。

Curled lettuce

縮緬萵苣

這是我常種的萵苣之一。為紅葉萵苣的一種，但這種品種的葉片不帶紅色。味道無澀味，容易入口，栽培容易。

播種 發芽 定植 採收

適溫15～17度　2～3天　10天　60天

栽培筆記

縮緬萵苣結實而容易栽培。葉片變大後還會微微皺縮，將收成的葉片攤開來後，面積超乎預期，感覺物超所值。這種萵苣有別於拔葉萵苣，稍微不耐熱。

營養筆記

吃100g的量就能滿足1天所需的維生素K，可預防骨質疏鬆症。還含有大量的鉀，可預防高血壓。

1

培育海綿苗後，定植至水耕栽培層上

在海綿上播種使之發芽（參照P.22），待雙葉變大後即定植至水耕栽培層上（參照P.25）。栽培期間須讓除塵布時時浸泡在營養液中。

2

採收

定植大約2個月後即開始採收。之後陸續摘取變大的葉片並持續栽培。照片可清楚看出茶包袋苗的生長狀況。

Head lettuce

結球萵苣

一般說到萵苣，都是指會結球的結球萵苣，但是水耕栽培的缺點就是結球不易。外觀雖然不漂亮，美味度卻是一絕。

栽培筆記

要讓萵苣結出漂亮的球狀著實困難，用家庭菜園的花盆來種也一樣。即便不用種子而是從幼苗開始栽培，葉片依舊會不受控地改變方向，不肯乖乖結球。我猜是因為密植栽培所致。

營養筆記

此萵苣有95%是水分。內含少量β胡蘿蔔素、維生素C與E、葉酸等維生素類，還有鈣、鉀與鐵等礦物質，但即便含量少，營養卻相當均衡。

播種	發芽	定植	採收
適溫 15～17度	2～3天	10天	55天

1

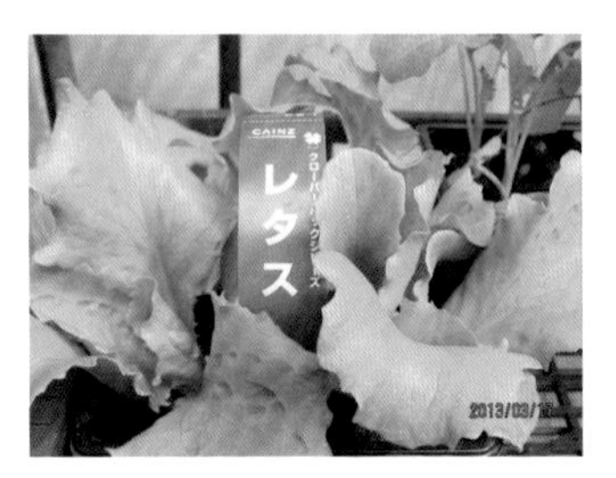

定植至水耕栽培層上

這次不播種，而是直接用市售幼苗來栽培。和第96頁的南瓜一樣，先打造桶子底部鑽了孔的水耕栽培裝置，栽培期間營養液須時時維持在1cm的高度。

MEMO

需要夠大的栽培面積以因應幼苗的生長，因此捨棄平時用的水耕栽培層，改成定植至面積充足的器皿或容器中。

2

採收

葉片不光是向外增長，還會三百六十度亂竄。即使未結球也無損其美味，所以不妨從外葉逐步摘取。

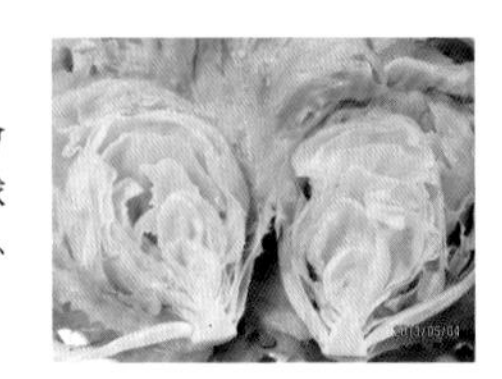

用菜刀縱切成半，有些中心處已經捲起來了。

Red cutting lettuce

紅拔葉萵苣

葉片會轉紅，為拔葉萵苣的同類，顏色會隨著冬意漸濃而愈發飽滿漂亮。我將便利商店買來的蓋飯塑膠容器再利用。

栽培筆記

和綠色拔葉萵苣一樣，耐寒又耐熱，可以採收大量葉片。利用現成的容器也能種得這麼漂亮。葉片面積大，用來包捲烤肉片剛剛好。

營養筆記

葉片的紅色是來自一種類黃酮的植物色素花青素。花青素不僅有抗氧化、消炎的作用，還有避免內臟脂肪囤積的功效。

1

在海綿上播種使之發芽

於適當的容器中放置2.5cm的方形海綿，在上面各播種2顆種子使之發芽（參照P.22）。

MEMO

發芽後，將水量維持在海綿一半左右的高度來栽培。

2

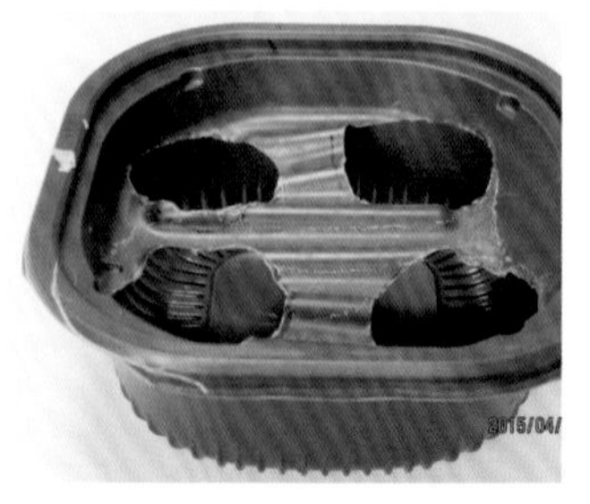

製作水耕栽培層

用剪刀在塑膠容器的蓋子上裁剪4個可以塞入塑膠杯的洞口。這裡是用便利商店買來的中華燴飯的容器。

褐色容器具有遮光效果，能預防藻類滋生。

播種	發芽	定植	採收
適溫 15～17度	2～3天	10天	45天

3

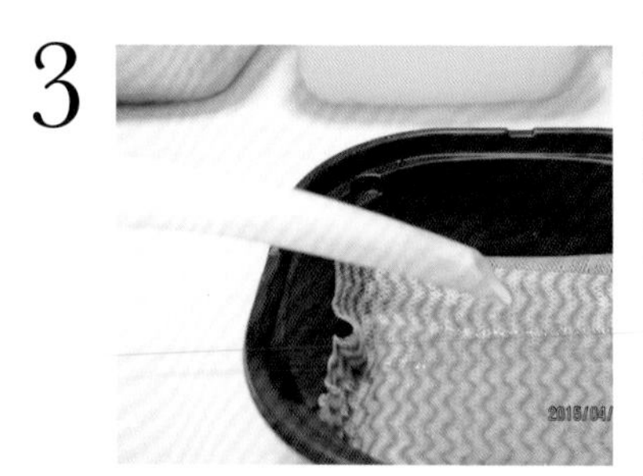

注入營養液

配合容器底部的大小裁剪瀝水網，重疊8層。上面再疊上除塵布，大小裁剪得和容器底部一致。

蓋上容器的蓋子，將底部挖空的塑膠杯塞進洞口，測試杯底是否有接觸到除塵布。

將海綿苗放入栽培

確認塑膠杯杯底接觸到除塵布後，將裝了海綿苗的茶包袋放入塑膠杯中，接下來的栽培期間須讓除塵布時時浸泡在營養液中。

MEMO

確認或是注入營養液時，要將塑膠杯內的菜苗和蓋子一起拿起來。

靜候成長

使用蓋飯容器來種植，生長狀況也不比平常用的瀝水器皿栽培層遜色。

採收

栽培出的葉片碩大無比，塑膠杯幾乎無法支撐。此時還不太顯色，所以接下來要從室內移至室外照射陽光。只要3天就會開始上色。

MEMO

紅拔葉萵苣愈冷愈能染出漂亮的顏色。但並非所有葉片都會染紅。

專欄

保留根部，再採收一次！

從殘株開始
再生栽培

栽種的蔬菜全部採收完後，若要重新從種子開始栽培，還須花2個月左右才能收成。若是預期這段期間的蔬菜量可能不足，不妨在採收時保留根部來進行殘株栽培。大概1個月就能再度採收。

利用殘株栽培種出的拔葉萵苣。即使是以殘株栽培，仍可採收到碩大的葉片。

利用茶包袋再生

保留根部，整株採收完後仍繼續供應營養液，並讓水耕栽培層的除塵布浸泡在營養液中，植株就會長出側芽。將長出側芽的植株連同海綿一起取出，清洗乾淨後用茶包袋包覆，再用園藝用的金屬線封口，但不要綁太緊。於適當的容器中鋪上疊成4層的瀝水網，再鋪一層除塵布，布上先配合塑膠杯底部裁剪出圓洞。將底部挖空的塑膠杯置於除塵布上的圓洞內，再放入以茶包袋包覆的植株。

側芽長到差不多如照片所示的大小後，連同海綿一起取出清洗。

用茶包袋包覆，並將袋口綁起來。

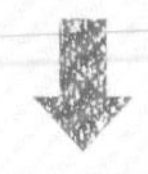

鋪上瀝水網與除塵布，放上塑膠杯，再將植株安置其中。

栽培期間須讓除塵布時時浸泡在營養液中。

利用格狀育苗盤再生

這些萵苣（這裡舉沙拉菜為例。使用椰殼纖維與水苔的混合基質）是定植至格狀育苗盤中栽培而成的，採收時留下根部並原封不動浸泡在營養液中，1週～10天就會長出側芽。待側芽長到2～3cm後，將格狀育苗盤切分開來以免葉片重疊。

於適當的容器中鋪上疊成4層的瀝水網，再鋪一層除塵布，布上先配合育苗盤底部裁剪出洞，再將裝了殘株的育苗盤放入。大約1個月就能收成。

1週～10天就會長出側芽。

1株根部有時會長出3小株。

再生的沙拉菜。

Celery

芹菜

芹菜的營養價值雖高，卻因農藥殘留量高而引發爭論。用水耕栽培就能種出無農藥的芹菜。烹煮成芹菜湯格外美味。

栽培筆記

超市裡成排的芹菜都是從1株植株栽培而成的嗎？我開始栽培芹菜時知識還很貧乏，而且連怎麼種都不知道。我採用平時用的塑膠籃栽培法，結果卻超乎預期，採收到大量的芹菜葉。

營養筆記

芹菜莖部富含礦物質和膳食纖維，葉片則有豐富的維生素類。芹菜內含的矽成分，具有強健關節、骨質與血管的功效。

1

分株

將幼苗分株。這裡用了2盤市售的幼苗，連苗帶土取出，將水倒入空的育苗盤中，再放回幼苗篩除掉土壤。在這樣的狀態下分成6株。幼苗軟趴無力的模樣雖然有點令人擔心，但還是1株株分別定植。

2

定植至塑膠籃水耕栽培裝置上

在深度10cm左右的塑膠籃內鋪上瀝水網，倒入基質至離底部5cm左右的高度。將幼苗立於中央，再用3cm高的基質加以鞏固。在器皿中倒入1cm高的營養液，再將水耕栽培裝置置於其中。

基質是用椰殼纖維與水苔混製而成。

定植　　　　　　　　採收

60天

3

靜候成長

分株後的幼苗尚無法自立，因此用挖空底部的塑膠杯作為輔助。經過5天莖部就會漸漸變得結實。1個月左右後植株根部就會出現芹菜的紋路。

葉片也會不斷茂密起來。營養液的量繼續維持在1cm高。

4

採收

定植2個月後就採收了1株芹菜。從塑膠籃裡整株拔起，根部至葉尖的長度達57cm。未使用較深的花盆就能種出這樣的成果。

長得密密麻麻的根部，厚度約有5cm。

5

採收期間仍持續栽培

之後葉片還會更茂密，旺盛的生長力令人驚豔。栽培過程中便可從外側莖部開始採摘，就算每週採摘1次較粗的莖部也不會感到稀疏。葉片亦可食用。

連最初無法在育苗盤中自立的幼苗也能長得這麼大，幾乎超過2塊水泥磚。

6

陸續採收至半年後

最後一次採收離定植已經超過半年。不僅可以享受長期收成，採收並撤除後，以椰殼纖維與水苔混成的基質也能作為可燃垃圾，所以很適合在陽台栽種芹菜。

Bok-choy

青江菜

青江菜可說是中國蔬菜的代表。我嘗試以茶包袋與格狀育苗盤兩種方式來栽培。

栽培筆記

容易栽培，又能飽嚐蔬菜的鮮甜。建議栽培迷你品種。因為是在B5大小的小型空間裡栽培，這種迷你青江菜剛剛好。

營養筆記

青江菜富含葉酸、鉀、維生素C與B6等有益血管的營養素。可說是心血管的保健蔬菜。還有提高免疫力以及抑制發炎的作用。

在此介紹使用茶包袋水耕栽培層（參照 P.25）的栽培法。

1

播種使之發芽後，定植至水耕栽培層上

在海綿上播種使之發芽（參照P.22），待雙葉變大後即定植至水耕栽培層上（參照P.25）。從播種到定植花了20天左右。

定植1週後。栽培期間須讓除塵布時時浸泡在營養液中。

2

靜候成長

定植1個月後。在塑膠杯的支撐下，不斷大幅生長。

播種	發芽	定植	採收
適溫 15～30度	2～3天	17～18天	60天

3

採收

定植2個月後即進入採收期。由此得知，將幼苗放入茶包袋並供給營養液，培育出的成果與使用基質栽培沒有兩樣。

根部為了吸收營養液而穿過茶包袋。

在此介紹使用格狀育苗盤水耕栽培層（參照P.36）的栽培法。

1

定植至水耕栽培層上

培育海綿苗（參照P.22），待雙葉變大後即可裝進格狀育苗盤中，再定植至水耕栽培層上（參照P.36）。栽培期間須讓除塵布時時浸泡在營養液中。

在僅5cm見方的格狀育苗盤中栽培。

2

靜候成長

定植1個月後。這裡用了2種類型的基質，不過兩者展現出的成長進度一致。

MEMO

左方的基質是E-soil（杉木與檜木的樹皮經特殊加工後製成的基質），右方則是用冷杉殼薰炭與椰殼纖維混製而成。改用椰殼纖維混合水苔也OK。

3

採收

定植2個月後即進入採收期。根部呈漂亮的圓弧狀。雖然格狀育苗盤在定植時的作業比茶包袋還繁複，但是看樣子很適合用來栽種青江菜。

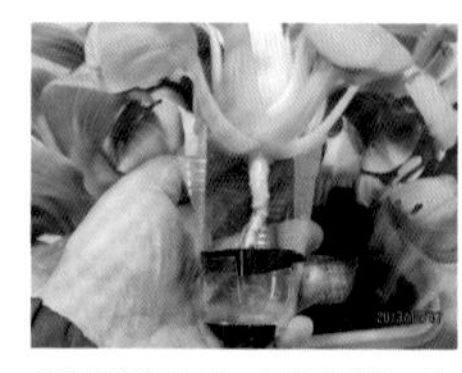

根部變得飽滿，呈圓弧狀。應該是因為格狀育苗盤溫暖了根部。

Leek

蔥

於茶包袋內播種後，浸泡在營養液中即可。在室內也能栽種出碩大的蔥。我分別栽種了粗細兩種九條蔥。

栽培筆記

細蔥栽培到一定程度後，一點風吹草動就會倒下。我為此下了點功夫，將細蔥集中在透明信封中以防止倒臥。

營養筆記

蔥富含植物營養素和抗氧化物質。獨特的氣味是來自大蒜素，能夠促進血液循環並改善手腳冰冷。大蒜素也有緩和神經痛與關節痛的功效。

栽培細九條蔥

1

於茶包袋內播種

將基質倒入大型茶包袋中並整平表面。在上面播種12～15顆種子。將茶包袋並排於適當的容器中，注入水直到基質表面濕潤為止，每天維持在這樣的狀態。

MEMO

這裡是使用蛭石作為基質，改用可歸為可燃垃圾丟棄的椰殼纖維和水苔混合基質也OK。

2

定植至水耕栽培層上

蔥發芽並長到10cm左右後，為了預防藻類，在茶包袋側面的下半部分捲覆鋁箔紙來遮蔽光線。將茶包袋苗並排在瀝水器皿的篩網上，再安置在裝了營養液的器皿中。

接下來的栽培期間須讓篩網底部時時浸泡在營養液中。

播種　發芽　定植　採收

4天　10天　40天

3

防止倒伏

蔥一旦長長就很容易倒伏（倒臥）。這裡是使用塑膠透明信封來防止倒伏。剪除信封底部製成圓筒狀，套進整株植株使之集中。

4

採收

高度達20cm左右即可在栽培過程中逐次少量地採收。大約可收成2個月。最長的蔥可長到45cm左右。

栽培粗九條蔥

1

栽種於大型茶包袋中

粗蔥不像細蔥倒伏得那麼嚴重，所以不做防倒措施也可以長得很好。從在茶包袋中播種到定植至水耕栽培層上為止，作法同左頁的「栽培細九條蔥」。

MEMO

已做好遮光措施的茶包袋不太會滋生藻類，但是營養液器皿上仍會有藻類附著。將幼苗連同篩網一起拿起來，再用海綿等擦洗營養液器皿，去除藻類。

2

採收

長到30cm左右即可從較粗的蔥開始拔起採收。就這樣持續栽培，有些蔥的長度還超過60cm。可生吃，作為生魚片的配飾蔬菜或是搭配萵苣來享用。

Sprout garlic/Leaf garlic

蒜苗／青蒜

將大蒜安置在珍珠岩上，之後只需供水就能栽培。10天過後就會長成蒜苗，3～4週就會成為青蒜。

栽培筆記

栽種大蒜的魅力在於，只需供給自來水而不需要營養液。要種成蒜苗還是青蒜全憑個人喜好。最短1週就能吃到蒜苗。

營養筆記

眾所周知，大蒜有多種藥效，比如可預防感冒、預防或改善高血壓、將重金屬排出體外等。另有增強體力、消除疲勞的效果。

剝除大蒜皮

剝除大蒜的薄皮。我從1顆蒜球取得13片蒜瓣。有些萎縮的蒜瓣常被遺忘，其實還是可以用。

2

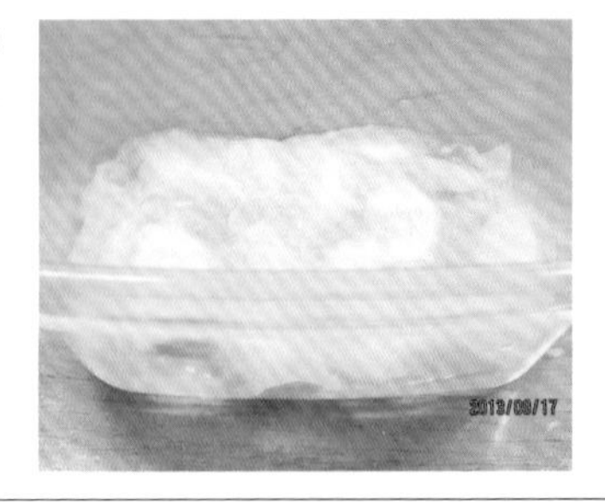

沾濕蒜瓣

將蒜瓣放入容器中，上面用衛生紙覆蓋，從上方淋水弄濕。之後也要讓衛生紙時時保持濕潤的狀態。

MEMO

即便是放太久的大蒜，有時泡水就會恢復生氣。

發根	定植	採收
2～3天	2～3天	7～10天（蒜苗） 30～40天（青蒜）

3

確認根部

大約2天就會從蒜瓣基部長出白色的根。在發芽之前仍繼續覆蓋衛生紙，並用滴管從上方滴水以保持濕潤狀態。

4

將大蒜埋進珍珠岩裡

冒出綠色蒜芽後，在有一定深度的容器中裝珍珠岩至八分滿左右，將大蒜芽朝上埋入。只需露出一小段芽尖在珍珠岩外，倒入水直到珍珠岩的表面濕潤為止。

MEMO

亦可用豆腐的容器來裝珍珠岩。珍珠岩必須保持濕潤狀態。

5

確認生長狀況

2天後蒜芽就會變得筆直。接下來就只要讓珍珠岩表面保持在濕潤狀態，即便是在室內也會不斷成長。「芽子大蒜」已經成為一種商品。

MEMO

大蒜會靠自身的營養生長。不使用營養液，僅供水就OK了。

6

採收

1週～10天就能種出高級食材「蒜苗」（如照片）。蒜芽分岔成兩股時是蒜苗最美味的時候，葉、球莖乃至於根部皆可食用。如果不採收，繼續栽培3～4週就會長成青蒜。

培育成40㎝左右的青蒜。用於中式熱炒料理很對味。

Mizuna greens

水菜

一年到頭都能種出健康的水菜，是收成量特別高的葉類蔬菜。可以製成沙拉來享用脆脆的口感，或是加入火鍋也不賴。

栽培筆記

水菜和萵苣類並列為容易栽培的葉類蔬菜代表。用小型容器也能栽種出大量的水菜。若能配合時間在冬季時採收，葉片會更鮮嫩美味。

營養筆記

水菜的熱量很低，每100g只有23kcal。除了有強健骨骼之效的維生素K和在細胞分裂上扮演重要角色的葉酸外，還含有各種維生素與礦物質，是一種健康的蔬菜。

1

播種使之發芽

於適當的容器中放置2.5cm的方形海綿，在上面各播種2顆種子使之發芽（參照P.22）。發芽後，水量維持在海綿一半左右的高度。

MEMO

經過2週左右，雙葉變大後即可進行定植。

2

將瀝水網與除塵布鋪在容器底部

配合容器底部的大小將瀝水網折疊成8層，網子如果太大，則讓兩端從容器邊緣露出。網子上再鋪一層裁剪成與容器底部大小一致的除塵布。

瀝水網上的除塵布只鋪1層就OK。

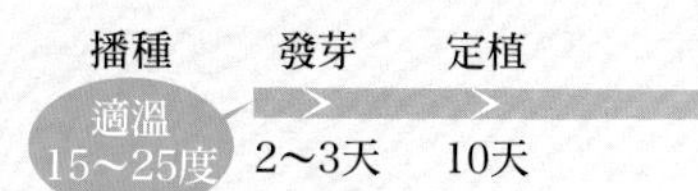

3

注入營養液後進行定植

注入營養液至除塵布的高度，接著將步驟1的海綿苗裝入茶包袋，逐一並排其上。茶包袋苗排放得緊密一些也無妨。

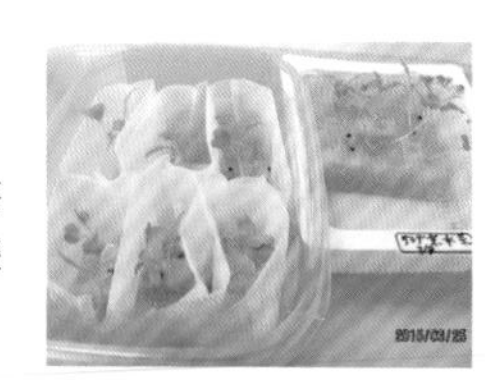

這次所用的容器可容納6個茶包袋苗。

4

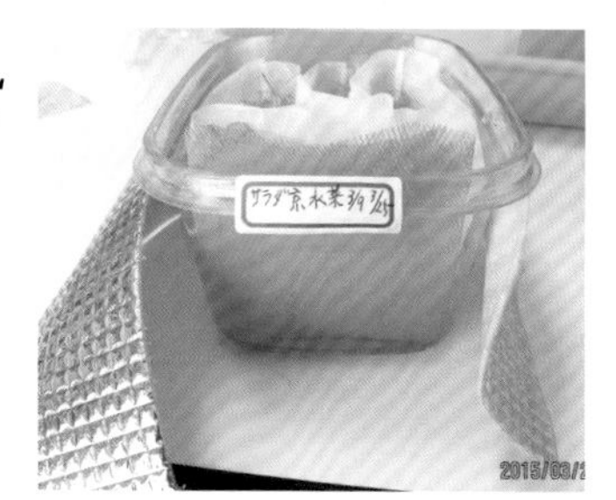

於周圍與底部捲覆一層鋁箔紙

於容器周圍與底部捲覆一層鋁箔紙以遮蔽光線。

貼上貼紙，記錄蔬菜種類、播種日期、定植日等。

5

靜候成長

正如其名所示，水菜只要不中斷供水（營養液）就會長得很快。最好讓除塵布時時浸泡在營養液中。水菜喜光，因此栽培層須置於日照充足的場所。

6

採收

大約50天即進入最佳賞味期。葉片還會不斷從植株中央長出來，所以從長大的葉片開始逐一採摘。大約可以採收1～2個月。我習慣一次採收整個茶包袋的分量來享用。

Watercress

西洋菜

西洋菜的苦辣味很適合用來為沙拉增添層次感，或是作為肉類料理的配菜。因為原本就是生於水邊的植物，所以很適合水耕栽培。

播種	發芽	定植	採收
適溫 15～20度	6天	14天	40天

栽培筆記

西洋菜的繁殖力極為旺盛。會往橫向拓展，所以不需要塑膠杯。如果拉長栽培時間，葉片會逐漸轉黃，因此趁鮮嫩翠綠時採收為佳。

營養筆記

將蛋白質、維生素C與E、鋅等17種營養素的含量數據化即可得知，西洋菜含有大量且廣泛的關鍵營養素。在歐洲是家喻戶曉的健康蔬菜。

1

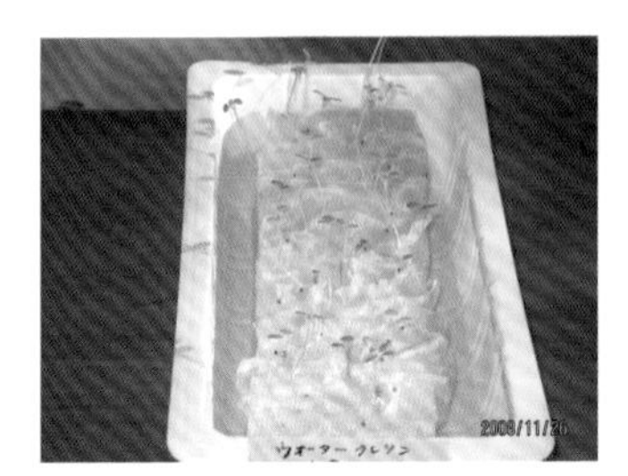

播種使之發芽

於適當的容器中放置2.5cm的方形海綿，在上面各播種2顆種子使之發芽（參照P.22）。發芽後，水量維持在海綿一半左右的高度。

2

定植至水耕栽培層上

趁雙葉還沒長大前，先於大型茶包袋中各放2個海綿苗，用基質覆蓋海綿苗周圍，再定植至瀝水器皿的栽培層上。栽培期間須讓篩網底部時時浸泡在營養液中。

基質是用椰殼纖維與水苔混製而成。大約2個月後即可採收。

Rocket salad

芝麻菜

別名為火箭菜。經常用於義大利料理等。帶有如芝麻般的香氣以及辛辣味。

播種 發芽 定植 採收

適溫15～20度 2～3天 10天 30天

栽培筆記

生長快速，但是葉片不大。播種後1個月左右的嫩葉最是美味。是容易栽培的葉類蔬菜之一。

營養筆記

芝麻菜的熱量很低，每100g只有25 kcal的熱量。具有抑制飯後血糖上升的功效。不僅能強化心臟與骨頭，還能改善呼吸系統狀況。具強大抗氧化力這點也無人不曉。

1

播種

將珍珠岩（參照P.45）倒入大型茶包袋內至離底部約1cm的高度，再並排放入瀝水器皿中。在每個茶包袋裡等間距播種5～6顆種子，注入足以讓珍珠岩表面濕潤的水量。

大約2天就會開始發芽，再經過5天左右就會長出雙葉。

2

靜候成長

待雙葉變大後，將水改為營養液。栽培期間須讓篩網底部時時浸泡在營養液中。照片是播種後超過2週的狀態。翠綠的葉片十分漂亮。1個月左右即為最佳賞味期。

Basil

羅勒

羅勒是義大利料理不可或缺的食材。魅力在於獨特的香氣與淡淡的苦味。生命力強，盛夏時期栽種有時還能長到80cm以上。

栽培筆記

羅勒是常用於披薩的香草，香氣十分強烈。用茶包袋苗來培育的失敗率極低。無論是只用海綿苗，還是以碳球為基質來栽培，生長狀況皆無二致。不斷成長的葉片有時甚至大如巴掌。

營養筆記

世界各地長年運用的香草，可幫助消化還能改善焦慮與失眠。羅勒中的水溶性類黃酮成分具強大的抗氧化力，另含豐富的維生素與礦物質。

適溫	播種	發芽	定植	採收
20～25度		10天	14天	40天

1

培育海綿苗後，定植至水耕栽培層上

培育海綿苗（參照P.22），之後再定植至水耕栽培層上（參照P.25）。其中一半的幼苗以碳球覆蓋。栽培期間須讓除塵布時時浸泡在營養液中。

碳球的原料是碳，為水耕栽培常用的基質。

2

採收

高度達15cm左右後即可逐次少量地採收。未使用基質的幼苗和用碳球覆蓋的幼苗長得一樣好。由此可知，茶包袋苗不需要基質。

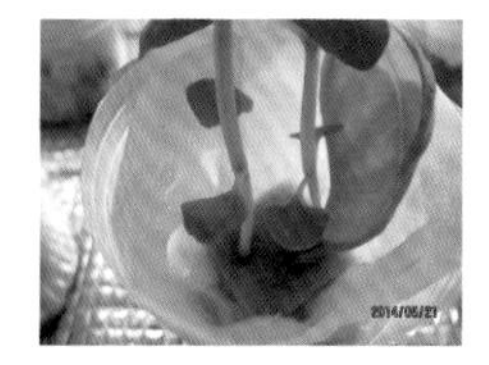

茶包袋裡只放海綿苗。即便沒有基質也能成長茁壯。

Swiss chard

莙薘菜

藜亞科葉類植物，從嫩葉到成葉，無論何時採摘都美味無比。容易栽培又耐寒暑。可長期栽種與採收。

播種 發芽 定植 採收

適溫25～28度 2～3天 10天 30天

栽培筆記

莙薘菜這種人氣葉類蔬菜的種子最近很難買得到。種子大如米粒，有的還會長出數根芽苗。全年都能栽種。

營養筆記

不僅有具抗氧化作用的維生素A、C、E，還含有多達13種類型的多酚類抗氧化物質。鮮豔的色素具消炎與排毒作用。鈣、鎂與維生素K的成分則可以讓骨頭更強健。

1

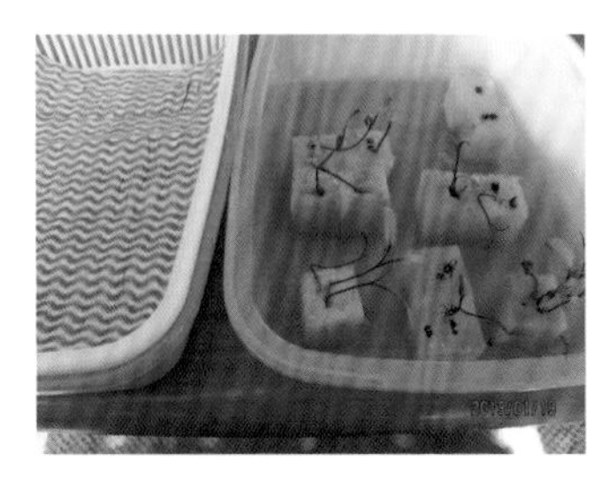

播種使之發芽後，定植至水耕栽培層上

在海綿上播種使之發芽（參照P.22），待雙葉變大後即定植至水耕栽培層上（參照P.25）。栽培期間須讓除塵布時時浸泡在營養液中。

MEMO

因為發芽不太同步，所以播種後超過2週才進行定植。

2

靜候成長

莙薘菜是著名的觀賞型蔬菜，所以在栽培過程中可欣賞漂亮的顏色。栽培到比較大株後，像萵苣般從外葉開始採摘，可以長期採收，只不過會稍微變硬。

MEMO

照片是定植1個月後的狀態，從這個時期開始採收。這個時間點的葉片軟嫩，味道最佳。

Lemon balm

檸檬香蜂草

近似檸檬的香氣為其名稱由來。因為是可以延年益壽的香草而為人所知。雖然定植前比較費時，但之後就會不斷成長茁壯。

栽培筆記

性喜向陽處，但不喜陽光直射。因此建議在室內窗邊栽培。因為很耐寒，所以冬季也能長得很健康。營養液不足會導致葉片變硬，須特別留意。

營養筆記

歐洲幾個世紀以來把這種香草運用在芳香療法中，以期緩解憂鬱症狀。可守護神經細胞免於氧化，還有改善記憶力、思考力與情緒低落的功效。亦有助肝臟排毒之效。

播種	發芽	定植	採收
適溫 15～20度	2～7天	20天	40天

1

播種使之發芽

於適當的容器中放置2.5cm的方形海綿，在上面各播種2顆種子使之發芽（參照P.22，這裡是放進密閉容器中）。發芽後，水量維持在海綿一半左右的高度。

MEMO

香草和萵苣不同，需要好幾天才會發芽。放進密閉容器內保溫，蓋子稍微錯開留縫。容器請置於無陽光直射的溫暖場所。

2

定植

將幼苗放入茶包袋中，再定植至鋪了瀝水網與除塵布的容器中（參照P.72）。接下來的栽培期間須讓除塵布時時浸泡在營養液中。70天後即可長成漂亮的檸檬香蜂草。

MEMO

待雙葉變大後再進行定植。最好在容器外側捲覆一層鋁箔紙來遮蔽光線。

Chicory

菊苣

菊苣有益於消化系統，在歐洲深受喜愛。種類眾多，這次是栽種混合了13種品種的綜合菊苣。

播種	發芽	定植	採收
適溫 15～25度	2～3天	20天	60天

栽培筆記

種子袋上標示株間須隔30cm，但我嘗試以1/10，也就是3cm左右的距離來栽種。最好在無陽光直射的涼爽場所栽培。

營養筆記

菊苣具有整腸效果，是因為內含膳食纖維菊糖。菊糖有減少低密度脂蛋白膽固醇、改善心血管狀態的作用。改善肝功能與腎功能的效果也頗負盛名。

1

發芽後進行定植

在海綿上播種使之發芽（參照P.22），待雙葉變大後即定植至格狀育苗盤中（參照P.36）。基質是用椰殼纖維與水苔混製而成。

栽培期間須讓格狀育苗盤的底部時時浸泡在營養液中。

2

採收

雖然是在密植的狀態下栽培，但仍舊長出碩大的葉片。我都直接做成沙拉生吃。有效成分大多積聚於根部，不妨連同根部一起料理。

蕹菜（空心菜）

做成熱炒料理相當絕妙的中國蔬菜。十分耐熱，只要於夏季期間栽培，即可成為夏天維生素與礦物質的補充來源。

播種　發芽　定植　採收

適溫20～30度　2～3天　20天　50天

栽培筆記

空心菜原產自亞熱帶，因此毫不受高溫多濕影響，反而相當畏寒，一旦氣溫下探10度就會枯萎。最忌中斷營養液，只要在這方面不懈怠，就會不斷增長。莖部的中心恰如其名，是空心的。

營養筆記

富含有助於提高能量代謝的維生素B群，因此可有效消除疲勞，預防夏日疲勞症候群。亦可補充隨著汗水而流失的礦物質。抗氧化力強，所以是最適合用來撐過炎炎夏日的葉類蔬菜。

1

播種使之發芽

於適當的容器中放置2.5cm的方形海綿，在上面各播種1顆種子使之發芽（參照P.22）。發芽後，水量維持在海綿一半左右的高度。

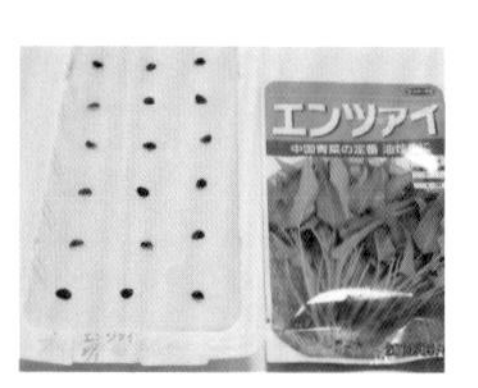

每個海綿各播種1顆種子。

2

定植至水耕栽培層上

待雙葉變大後即可將海綿苗放入茶包袋中，再定植至水耕栽培層上（參照P.25）。栽培期間須讓除塵布時時浸泡在營養液中。植株高度達20～30cm後即可採收。

MEMO

這裡用了格狀育苗盤（照片左，參照P.36）以及茶包袋（照片右，參照P.25）來栽種。空心菜不耐寒，所以要在溫暖的地方栽培。

Coral reef plume

紅切葉芥菜

芥菜的一種，和水菜一樣葉緣呈鋸齒狀。和萵苣一起製成沙拉的話，
辛辣味可以增添絕佳層次。

播種 發芽 定植 採收

適溫15～25度 2～3天 15天 15天

栽培筆記

於盛夏時節栽種也能長得很漂亮。如果要生食，採摘纖維質較少、植株約20㎝高的葉片最為美味。生長快速，播種1個月左右後即可採收。

營養筆記

富含β胡蘿蔔素與維生素C，歸類為黃綠色蔬菜。豐富的鉀成分可抑制血壓上升。辛辣味則有促進唾液與消化液分泌的作用。還有預防貧血的功效，是一種健康的蔬菜。

1

播種使之發芽

於適當的容器中放置2.5㎝的方形海綿，在上面各播種2顆種子使之發芽（參照P.22）。發芽後，水量維持在海綿一半左右的高度。

2

定植至水耕栽培層上

待雙葉變大後即可將海綿苗放入茶包袋中，再定植至水耕栽培層上（參照P.25）。接下來的栽培期間須讓除塵布時時浸泡在營養液中。

MEMO

採摘植株高度達20㎝時的嫩葉。

山葵菜

芥菜的變種，帶有十分刺激的辛辣味。可謂維生素與礦物質的寶庫。
最大特色在於辛辣味令害蟲敬而遠之，因此培育起來很輕鬆。

播種	發芽	定植	採收
適溫 15～25度	2～3天	20天	75天

栽培筆記

山葵的辛辣味令害蟲敬而遠之，生長也很快速，和萵苣一樣容易栽種為其特色所在。炎熱時期有時會過度抽長，所以要整株採收，而寒冷時期則可少量摘取，分次採收。

營養筆記

辛辣味是源自異硫氰酸烯丙酯的成分。除了有抗菌以及促進血液循環的作用外，還能提高能量代謝。內含β胡蘿蔔素與各種維生素，因此可守護身體免受活性氧的危害。

1

培育海綿苗後，定植至水耕栽培層上

在海綿上播種使之發芽（參照P.22），待雙葉變大後即定植至水耕栽培層上（參照P.25）。栽培期間須讓除塵布時時浸泡在營養液中。

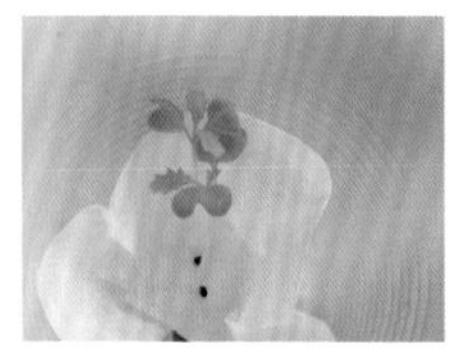

塑膠杯中的茶包袋苗並未使用基質，所以很乾淨。

2

靜候成長

塑膠杯可避免葉片因密植而交疊，還有充當支柱之效。植株高度達15～30㎝為採收的基準。

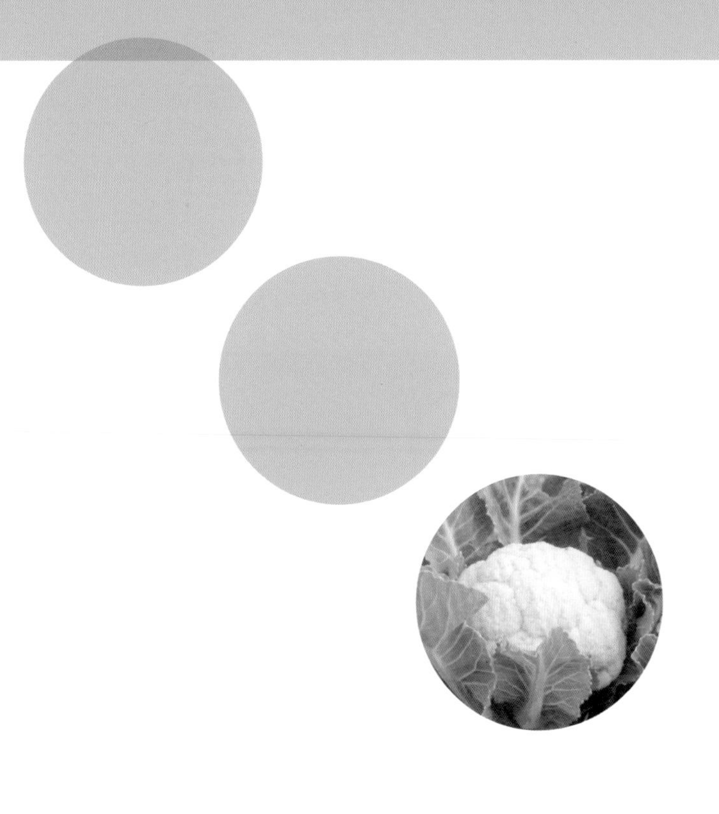

第 3 章

瓜果與根菜。以水耕栽培種植各式蔬果

Tomato

番茄

從市售番茄中取下的種子，再加上前一年取種保存的3種番茄種子，
一共培育4種番茄。此栽培方式可結出成串的番茄。

栽培筆記

栽培番茄時一般都會摘除側芽，我則傾向不摘除，讓1根莖拓展出數條分枝。栽培至梯子可達的高度，採收小巧卻大量的番茄。

營養筆記

番茄的熱量低，還富含維生素C、E與茄紅素等抗氧化物質。防癌、改善糖分代謝與膽固醇濃度的效果可期，堪稱優質食品。

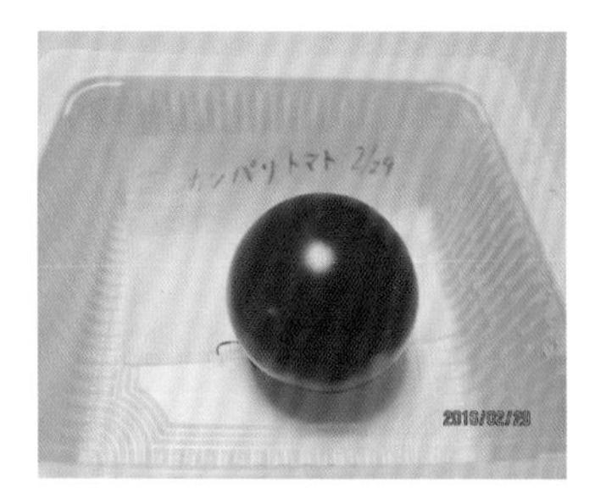

保留1顆番茄

番茄大多以盒裝販售。如果買到成熟美味的番茄，保留1顆作為取種用。這裡是取小番茄的種子。

取種

將小番茄切半，用湯匙取出種子。

小番茄只取½顆的種子，若是中型番茄則取¼顆。

播種 發芽 移植 定植 採收

適溫 20～30度

3～7天 20天 30天 45天

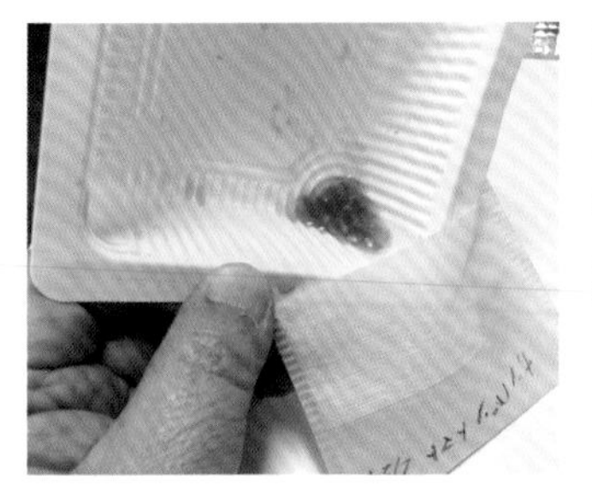

將種子放入茶包袋中

自番茄中取出的種子連同汁液一起倒入茶包袋中。若是取好幾種番茄的種子，則在茶包袋上寫下品種或形狀等，以便之後辨識品種。

去除黏液

於茶包袋中注入自來水，去除包覆種子的黏液。這層黏液會抑制發芽，所以要徹底去除。小心別讓種子流掉。

盡可能只留下種子。

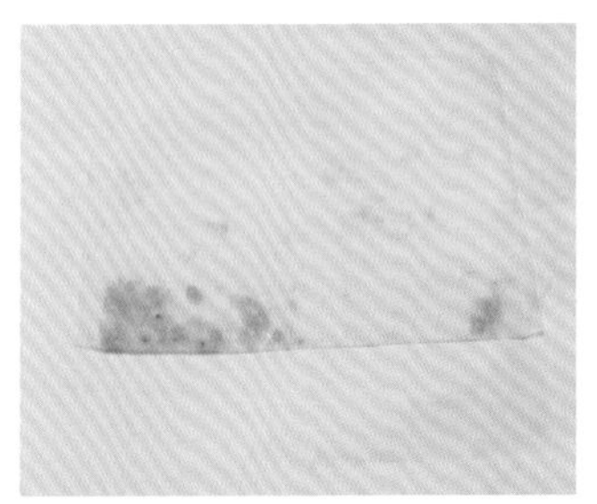

乾燥

將裝種子的茶包袋夾在報紙內靜置一晚，讓報紙吸乾水分。隔天即可直接播種在海綿上，或是完全乾燥後保存留待次年使用。

播種

於適當的容器中放置裁切成2.5cm的方形海綿，播種（參照P.22）。每個海綿播種1顆種子，倒入水至海綿一半左右的高度，之後也要維持固定的水位。

7

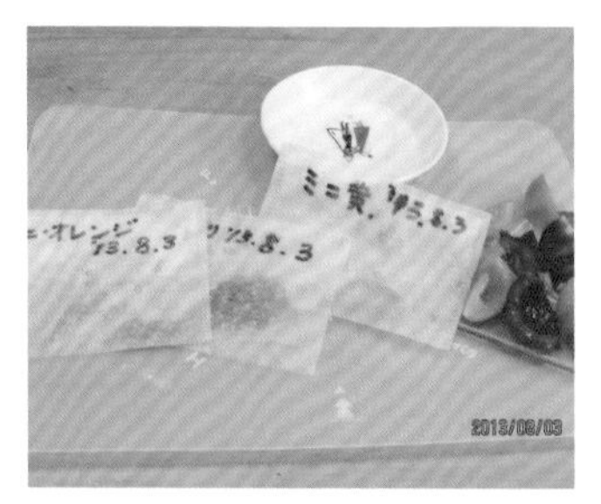

播種前一年的種子

今年決定連同前一年取種保存備用的3種種子也一起栽種。播種方式同85頁的步驟6。

前一年種的番茄結實纍纍。

8

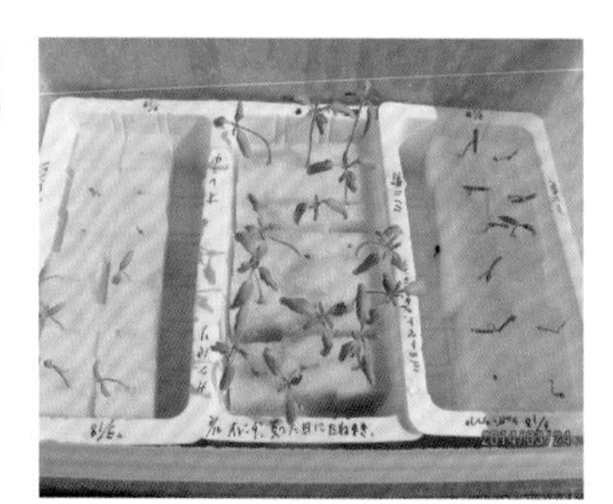

靜候成長

番茄種子3～7天就會發芽。中間種的是步驟1的小番茄，左右為前一年預留的3種種子，晚了幾天才播種。

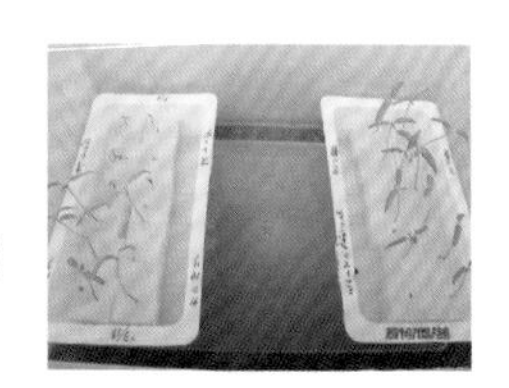

將容器放入器皿中，浮在溫水上加溫即可促進發芽與生長（參照P.123）。

9

移植至格狀育苗盤中

經過20天左右，本葉變大後即移植至格狀育苗盤中。將育苗盤底部剪好切口（參照P.37），鋪上除塵布，接著倒入基質至離底部1cm左右的高度。

MEMO

基質是以椰殼纖維與水苔各半的量混製而成（參照P.45）。

10

移植幼苗，安置在營養液器皿中

將幼苗置於育苗盤中，用基質覆蓋根部的周圍和上方，藉此支撐幼苗。於營養液器皿中裝入離底部約1cm高的營養液，再將育苗盤幼苗擺上。接下來營養液的量也要維持固定。

放了育苗盤的營養液器皿要盡量置於日照充足的溫暖場所。

11

定植至栽培籃中

播種2個月左右後，待幼苗長至15～20cm即可定植至塑膠籃水耕栽培裝置上（參照P.39）。於深度5cm左右的器皿中注入約1cm高的營養液，再將塑膠籃置於其中來栽培。

MEMO

這裡也是用椰殼纖維和水苔各半的混合基質。

12

架設支柱

定植的同時也要架設支柱。此時採用的是由上而下的垂吊型支柱，讓外觀更清爽。

13

結果

定植1個月左右後，會開始結出大量黃綠色的果實。照片是步驟1的小番茄，生長狀況良好。

再過2週左右果實會轉紅，即可初次採收。

14

安置自動供水瓶

營養液開始快速減少時，安置盛裝營養液的自動供水瓶（參照P.41）。這個系統會在器皿中的營養液下降時，從自動供水瓶中一點一點釋出營養液來補給。

15

享受收成之樂

移植至栽培籃中經過2個半月後，4株幼苗都長得十分茁壯，夏季期間可以每天採收新鮮的番茄。

夏季蔬菜的主角果然非番茄莫屬。

10種綜合小番茄，1盒就足以大豐收！

取種保存。

次年栽種就能有如此大量的收成。之後還持續採收了一陣子。

購買盒裝的10種綜合番茄，每個品種各取些種子裝進茶包袋，上面寫下番茄形狀等資訊後即保存。次年取出播種，10個品種有8種發了芽，夏天採收了各式各樣的番茄。黑色番茄是一種有「靛藍玫瑰」美稱的品種。

Shishito

獅子辣椒

辣椒的一種，特色在於辣度較低。結實而易栽培，幾乎每天都能採收果實。夏季期間可享長期採收。

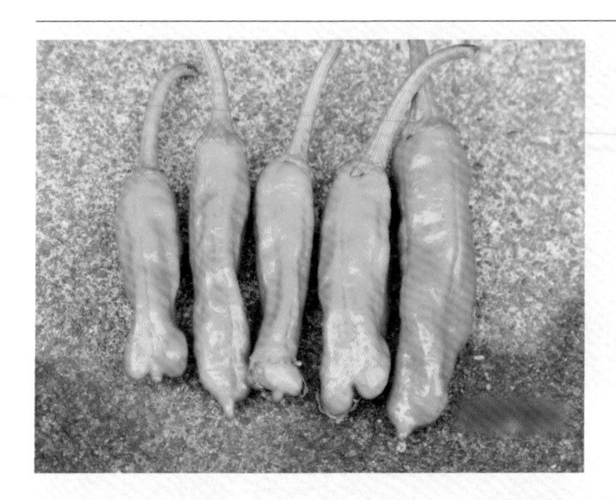

定植 採收

60天

栽培筆記

植株有一定高度，最好準備較大的塑膠籃。葉片漸密且冒出大量側芽後，營養液的消耗量會增加。枝葉若過於茂密，則須裁剪側枝以改善通風。

營養筆記

正式名稱為獅子唐辛子。辣度雖低，卻含有能促進新陳代謝、燃燒脂肪的辣椒鹼。富含維生素C，有助於消除疲勞或預防夏日疲勞症候群。在預防貧血上也有不錯的效果。

1

定植幼苗

育苗期很長，因此以幼苗來栽培較為理想。請參考第40頁，將市售的幼苗從育苗盤中拔起，定植至塑膠籃水耕栽培裝置上。基質是用椰殼纖維和水苔混製而成。

MEMO

在營養液器皿中注入離底部約1cm高的營養液後，將裝置擺放其中，置於日照充足的場所。

2

靜候成長

營養液的消耗量會隨著生長而增加，所以要每天檢查並補充。2個月左右即可初次收成，之後幾乎每天都能採收。

開花2～3週後方能收成。

Mini cabbage

迷你高麗菜

雖然是袖珍版的高麗菜，但是分量十足。建議秋天播種，蟲害較少。

栽培筆記

栽培於營養液器皿中，注入離底部約1㎝高的營養液。外葉會往外擴展，所以要確保足夠的栽培面積。從育苗盤中拔起，僅以除塵布代替基質來捲覆的幼苗，生長狀況竟然無異於其他高麗菜，令人驚豔。

營養筆記

內含維生素U（Cabagin），因此有紓解腸胃不適之效。膳食纖維多，亦可預防便秘。

1

將幼苗定植至塑膠籃水耕栽培裝置上

購買幼苗並定植至塑膠籃水耕栽培裝置上（參照P.40）。基質是用椰殼纖維和水苔混製而成。右圖的5株幼苗中，有1株未使用基質，僅以除塵布捲覆來栽培。

迷你高麗菜的幼苗購自家居用品店。挑選葉片顏色較深的為佳。

2

對抗綠蟲

定植1個月後已長到這個程度。栽種在室外就會長綠蟲，每回看到都要一一撲殺。尤其要注意避免害蟲進入菜芯。

定植　　　　　　　　　　　　採收

120～150天

3

確認包捲狀況

高麗菜通常3個月左右會開始包捲起來，而水耕栽培有時可能還沒動靜，但隨後就會開始往內捲。請繼續耐心栽培。

即便最初和照片一樣未往內捲，最後還是會順利包捲起來。

4

將水耕栽培裝置安置在溫暖的場所

塑膠籃栽培會暴露在寒冷之中，因此最好將水耕栽培裝置安置在不會吹到北風且盡可能溫暖的場所。

5

費點功夫讓陽光照射葉片

植株隨著成長而變得密集後，有些葉子會照射不到陽光。請增加營養液器皿的數量，或是換到更大的器皿中，讓大部分的葉子都能照射到陽光。

葉片增加，結球部位變重，莖部就會漸漸難以支撐葉球而彎曲。即便如此也沒關係，仍可以繼續成長。

6

採收

約4個多月即進行採收。從結果得知，以除塵布代替基質捲覆的栽培方式也能種出毫不遜色的高麗菜。

MEMO

依照片所示切成兩半，即可看出內部已經包捲起來。

秋葵

秋葵絲毫不受夏季酷暑的影響。可以享受長達3個月的採收樂趣。還能欣賞到開得很漂亮的花朵。

栽培筆記

我本以為用水耕栽培來栽種秋葵可能行不通，沒想到長得很健康。看到黃色花朵綻放時內心真是不勝感動。花謝後留下的豆莢會長大形成秋葵。

營養筆記

秋葵獨特黏液的真面目其實是黏液素和果膠等成分。能改善血液循環並保護胃部黏膜。

1

將幼苗定植至水耕栽培裝置上

幼苗買來後先分成3株，接著定植至安置了零水位自動供水瓶（參照P.43）的水耕栽培裝置（參照P.39）。基質的成分是椰殼纖維和水苔各半。

MEMO

用3個水耕栽培專用的3號花盆來代替塑膠籃裝置裡的塑膠籃，置於B5大小的器皿中。

2

確認花朵

定植1個半月左右後，早上會開出漂亮的花朵，隔天便凋謝。花謝後會留下豆莢，豆莢長大後即成秋葵。花謝後1週左右即可採收。

花謝後留下的豆莢。大部分都會變成秋葵。

定植　　　　　　　　採收

50天

3

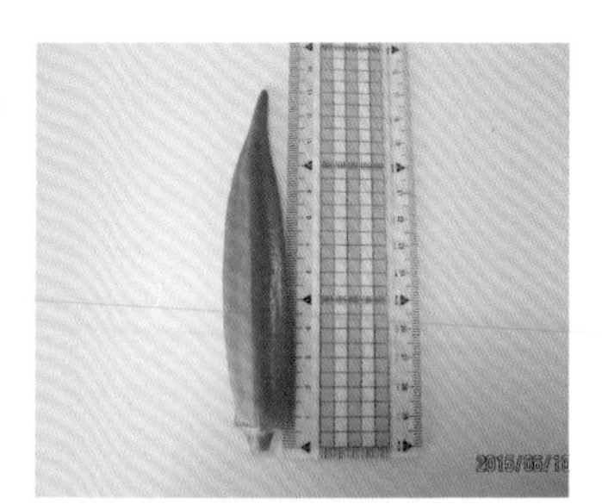

採收

接下來可享3個月以上的採收樂趣。訣竅是趁果實還軟嫩時採收。

MEMO

12～13cm為最佳品嚐時機。

4

增加自動供水瓶

吸收營養液的速度變快，如果營養液供應不及，不妨把自動供水瓶增加至2瓶。

5

享受採收之樂

初次收成後2個月左右為採收鼎盛期。側芽不斷冒出並開花，秋葵的數量便會大增。如果想取種，則預留較碩大的秋葵，綁麻繩作為記號，先不要採收。

6

取種

經過2週左右後，做了記號的秋葵變得硬梆梆即可採摘。剝開豆莢，種子就會從中掉出。

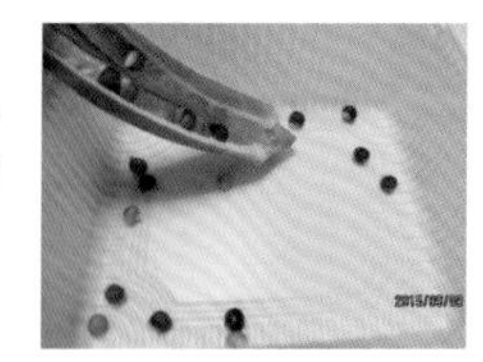

將變黑的種子保存下來。

Bitter gourd

苦瓜

苦瓜的魅力就在於苦味，可以和蘋果一起打成果汁。當然炒苦瓜也很好吃。在此利用水耕栽培來栽種這種常作為遮陽綠簾的蔬菜。

栽培筆記

應該沒什麼人會用水耕栽培來種苦瓜，不過在我家卻是夏天必備。將幼苗放入4個百圓商店的小型塑膠籃中，不用土壤，而是用裝了營養液的保冷袋來栽培。

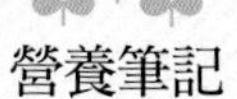

營養筆記

苦瓜的特色在於維生素C的含量比其他蔬果高出許多，而且加熱也不會被破壞。還蘊含豐富的鈣與鐵質。

1

播種

於格狀育苗盤的底部切割出切口（參照P.37），在盤底鋪放瀝水網，接著將基質倒入育苗盤至八分滿，最後再擺上種子。上面覆蓋1cm左右的基質，再將育苗盤置於裝水至約1cm高的器皿中。

栽培時只要維持器皿中的水位，播種的4顆種子不到3週就會全數發芽。

2

育苗

長出本葉後，改以營養液替代水倒入器皿中，維持離底部約1cm高的量。播種1個月左右後就長到這麼大。

播種	發芽	定植	採收
適溫25度以上	20天	20天	80天

3

定植後放進保冷袋中

待苦瓜藤長到能攀附在爬藤網上後，定植至塑膠籃水耕栽培裝置上（參照P.39），並架設爬藤網。將栽培裝置放進保冷袋（參照P.114）中，注入離底部約1cm高的營養液，讓苦瓜藤攀附在爬藤網上。

MEMO

盡可能撐開爬藤網，以便藤蔓延展，葉子也比較不會太茂密，可同時預防白粉病。

4

留意避免中斷營養液

綠簾形成後，營養液的消耗量會顯著增加。此時必須再追加營養液，提升至離保冷袋底部3～4cm的高度。如果仍供不應求，則安置自動供水瓶（參照P.41）。

MEMO

定植1個月左右後就會開花，該位置會結出小巧的苦瓜果實。

5

採收

待果皮轉為深綠色且果瘤飽滿後即可採收，以長度20cm左右為基準。苦瓜要及早採收，否則成熟後會轉黃，種子周圍會變紅、果肉變軟。

採收到又圓又胖的縞瓜（最右邊）。

依相同方法栽種縞瓜

和苦瓜的種法一樣，先將縞瓜的幼苗定植至水耕栽培裝置上，再裝進保冷袋中栽培。我習慣讓藤蔓攀附在爬藤網上，但一般栽培似乎都是任藤蔓爬在地上。

Pumpkin

南瓜

南瓜是維生素的寶庫。水耕栽培也能種出鬆軟的南瓜。只要設計成直立式栽培，就能在陽台等處栽培。

栽培筆記

實驗看看水耕栽培法是否能種出南瓜。因為沒有空間讓藤蔓延伸，所以直接從塑料溫室的架上垂下來。成功種出了小型卻美味的南瓜。

營養筆記

南瓜富含強健黏膜與皮膚的β胡蘿蔔素以及可預防傳染病的維生素C，所以可有效預防感冒等傳染病。還可改善體質免於氧化。

1

將育苗盤浸泡在營養液中

用市售的幼苗來栽培南瓜。市售的南瓜苗大多已經長出4～5片本葉，所以可以立即定植。如果還無法定植，則讓育苗盤先浸泡在營養液中。

2

打造水耕栽培桶

這裡是用塑膠桶加工成水耕栽培用的容器。在桶子底部與周圍側面接近底部的位置，利用電烙鐵鑽出一個個吸收營養液兼通風用的洞孔。用火加熱錐子尖端來鑽孔也OK。

於加工好的栽培桶中鋪放瀝水網，倒入基質後擺上幼苗，再用基質覆蓋幼苗周圍與上方。

定植 ＞ 採收
50天

3

將桶子置於器皿中

先在器皿中裝好約1cm高的營養液，再將步驟2的桶子置於其中。右方幼苗用的基質是珍珠岩（參照P.45），左方則是用椰殼纖維與蛭石混製而成。

MEMO

南瓜喜光，所以放在陽台或庭院等日照充足的場所來栽培為佳。

4

讓藤蔓垂下

南瓜藤會不斷在地面爬行延伸。大部分家庭都無法騰出足夠的空間，因此採取直立式栽培法，將桶子放在棚架等的上方，讓藤蔓往下垂。只要避免葉片重疊，就能預防白粉病。

MEMO

南瓜會大量消耗營養液，所以利用自動供水瓶（參照P.41）會方便許多。

5

授粉

可像照片這樣透過蜜蜂進行授粉，但是在陽台等處栽培還是人工授粉比較萬無一失。待雌花綻放後，將雄花花瓣全數摘除，以其花藥輕觸雌花柱頭，使花粉沾附其上。

如照片所示，雌花的下方有顆小果實（雄花沒有），花瓣下方膨大也是雌花的特色。

6

採收

南瓜的蒂頭變白並形成軟木塞狀為採收的基準。此時可採收到400g的果實。

甜豌豆

整個豆莢皆可食用，在料理上的運用也很多樣。如果有日照良好的籬笆等，不妨以直立式栽培來種植甜豌豆。

栽培筆記

因為沒有足夠的空間，所以我構思出這種空中栽培法，不讓根滿地爬。甜豌豆栽培得厚實飽滿，用鹽水汆燙後配啤酒享用最是美味。

營養筆記

甜豌豆都是豆莢和豆子一起吃。除了蛋白質、β胡蘿蔔素、維生素B群與C外，還能同時攝取鉀與膳食纖維，是相當優質的食物。

1

準備播種

將甜豌豆的種子放進適當的容器中，倒入讓種子稍微浮出水面的水量。用1張衛生紙覆蓋在上面，等3～4天就會長出根。

2

安置在營養液器皿中

將基質倒入茶包袋中至離底部3～4cm的高度。接著將4顆種子的根部朝下分別放入，再用基質從上方覆蓋。將營養液倒入瀝水器皿至離底部1cm左右的高度，再將茶包袋並排放入，營養液要維持在固定的高度。

直接以瀝水器皿來栽培。基質用椰殼纖維＋水苔即可。

播種　發根　定植　採收

適溫 18～20度　3～4天　15天　60天

將幼苗放入支撐架中

栽培至如左頁右下照片的程度後，用鋁箔紙捲覆茶包袋苗的根部位置來遮蔽光線。準備啤酒罐支撐架，每個支撐架中各放入4個茶包袋，連同支撐架一起浸泡在營養液器皿中。

先將幼苗安置在啤酒罐支撐架中，再浸泡於營養液器皿。

吊起幼苗

幼苗長勢驚人，如果放著不管日後會很棘手。將啤酒罐支撐架連同營養液器皿整個放進塑膠袋中，掛在S型掛鉤上，再吊掛在籬笆等處。安置在日照充足的場所。

長出藤蔓後，使之攀附在小黃瓜用的爬藤網。

採收

定植大約2個月後，藤蔓就會長到越過籬笆。從這個時期開始便可以大量採收漂亮的甜豌豆。

利用空啤酒罐栽種甜豌豆

於罐底鑽出大量洞孔，以便吸收營養液。

鋪放茶包袋後再倒入基質。

以縱切成半的寶特瓶作為營養液器皿。

將啤酒罐的蓋子部分整個切下來，並於底部鑽孔，將茶包袋鋪放其中，再倒入基質。將生根的種子置於其上，用基質覆蓋。這裡是利用2ℓ的寶特瓶作為營養液器皿。接下來的作業同上述的步驟4。

四季豆

在栽培面積只有B5大小的狹小空間內，栽培了30株四季豆。可採收3～4次，我還曾經採收了7次。

栽培筆記

使用珍珠岩來進行水耕栽培，種植起來輕鬆又乾淨。發芽並長出雙葉後，即可感受到《傑克與豌豆》裡描述的生長氣勢，是相當愉快的栽培體驗。

營養筆記

蘊含多種維生素與礦物質，是營養相當均衡的蔬菜。9種必需胺基酸俱全，而且熱量很低。

1

播種使之發芽

將珍珠岩倒入茶包袋中，各播種2顆種子並以珍珠岩覆蓋。置於瀝水器皿中，將水倒入器皿直到表面的珍珠岩濕潤為止。擺在陽光照射的窗邊，幾天後就會發芽。

※照片為播種2天半後的狀態。

珍珠岩的用量為50～60mℓ。用乳酸菌飲料的容器作為計量杯，只要倒入的量相同，就能打造出一致的栽培層。

2

照護根部

若有白色根部未鑽入珍珠岩下而是露出表面，須用珍珠岩加以覆蓋。挖個小洞，再將根部朝下放入洞中也OK。

播種　發芽　採收

2～3天　60天

將水換成營養液

經過10天左右長出本葉後，將水換成營養液，維持離底部1cm左右的量。照片是第15天的狀態。B5大小的水耕栽培層中培育了30株幼苗。

確認花朵與豆莢

葉子變得茂密，長出花苞後不久就會開花。四季豆的豆莢會從綻放的花朵中現身。再過10天左右即長成超過10cm的四季豆，這時差不多就可以收成了。

將栽培層置於窗邊即可形成綠簾。這裡是利用百圓商品的網子。

採收

播種2個月後就會長出成串的四季豆。

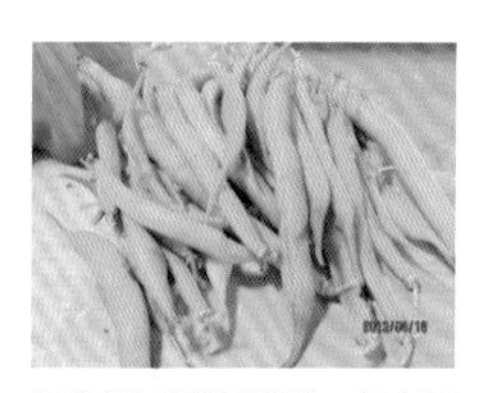

採收6次後即可撤除。每次可採收如照片所示的量。

採收第6次後即撤除。

8月6日又長出新的四季豆。

撤除後仍可繼續採收

6月16日採收並撤除後，植株基部長出了側芽，於是我在現成的器皿中裝營養液，再將植株切口浸泡其中。結果開出了花朵，8月初旬又採收了一次四季豆。

Edamame

毛豆

露天栽培需要3個月的時間，但水耕栽培大約2個月就能端上桌！毛豆就是尚未成熟的黃豆，所以千萬別錯過採收時機。

定植　→　採收

60天

栽培筆記

購買20株市售的毛豆苗，移植至茶包袋中。這次的水耕栽培是用椰殼纖維與蛭石混製而成的基質來填塞縫隙。營養液的消耗量大，最好勤加補給。

營養筆記

因為豆子尚未成熟，所以毛豆是歸類為蔬菜而非豆類。兼具豆類和黃綠色蔬菜雙方的營養素，可均勻攝取蛋白質、脂質、維生素與礦物質。

1

安置在水耕栽培層中

將基質倒入大型茶包袋至離底部1cm的位置。從育苗盤中拔起幼苗，連同土壤一起放進茶包袋中，再用基質從上方覆蓋直到看不到土壤為止。

MEMO

將塑膠籃安置在裝了營養液的器皿中，再將茶包袋苗並排其中。營養液要維持在約1cm的高度。

2

利用支架圍起來栽培

待莖延伸且葉片增加後，將瓦楞紙箱裁剪成可支撐下垂葉子的高度，長度則須足以圍住營養液器皿。圍起營養液器皿後，用封箱膠帶等加以固定。

2個月左右即可收成。訣竅是趁豆莢完全飽滿前，在尚未成熟的狀態下採收。

Turnip

蕪菁

這種栽培法有些不同，基質是鋪在器皿中，在茶包袋中栽培蕪菁。空間雖窄，卻能種出漂亮的蕪菁。

栽培筆記

在塑膠杯中倒入基質至海綿一半的高度來栽培。基質是用椰殼纖維與蛭石混製而成。在B5大小裡培育12株蕪菁可能過於密植，所以有些塊莖長不太大。不過可以採收到大量的葉片，成了味噌湯的美味配料。

播種 → 發芽 → 定植 → 採收

適溫 20～25度　2～3天　20天　60天

營養筆記

根部富含澱粉酶，是一種消化澱粉的酵素，具整腸效果。葉片則含有β胡蘿蔔素與維生素C。

將幼苗安置在水耕栽培層中

於瀝水器皿的篩網上鋪放瀝水網，上方再鋪一層5㎜的基質。底部挖空的塑膠杯放入大型茶包袋中，再將海綿苗（參照P.22）擺入，並用基質覆蓋周圍。

MEMO

將塑膠杯放入大型茶包袋中即可進行密植栽培。根會往鋪在器皿裡的基質延伸。

採收

營養液維持在能浸泡基質的量，即可於定植2個月左右後採收。海綿殘留在植株末端，根部從中延伸出來。蕪菁的大小約6㎝。

葉片翠綠茂密，從上方幾乎看不到栽培層。營養滿分又美味。

Potato

馬鈴薯

我在廚房角落發現了發芽的馬鈴薯，便以此為種薯來進行水耕栽培。
一般常說馬鈴薯要種100天，不過其實可以更快收成。

栽培筆記

廚房的蔬菜籃中有顆稍微乾扁的馬鈴薯，已經完全發芽了。這是我最初實驗該如何用水耕栽培來培育馬鈴薯時所留下的紀錄。

營養筆記

馬鈴薯內含大量加熱也不易破壞的維生素C以及可預防高血壓的鉀。熱量只有米的一半，所以也很適合作為養生主食。

1

將種薯種在水耕栽培裝置中

打造塑膠籃水耕栽培裝置（參照P.39），倒入基質至上緣處。在中央挖個洞來栽種發芽的種薯，接著置於裝了營養液的器皿中。※冒出3～4個芽也無妨。

種薯上方也要撒滿基質，僅露出芽的部分。

2

繁殖葉片

只要讓營養液維持在離器皿底部約1cm的高度，10天左右就會長出葉子。靜置不動培育2週左右，待葉片變大即可進行定植。

適溫
18~20度

定植 → 移植 → 採收

35天　80天

移植

這次是將種薯移植至通風佳的舊牛仔褲中。首先將牛仔褲褲檔以下5㎝處剪開並縫合褲管。接著倒入基質至褲檔以上5㎝左右的位置，擺上幼苗後用基質覆蓋至葉柄處。

如果水耕栽培裝置所用的塑膠籃夠大，不進行移植也無妨。

架設支柱

葉片茂密就很容易因風吹而倒下。架設支柱並利用涼蓆等作為擋風牆。不久之後便會開出不顯眼的花朵。

馬鈴薯長大後有時會從基質中露出來。每次都要不厭其煩地用基質覆蓋。

估算採收期

花謝且葉片逐漸枯萎即進入採收期。種薯栽種後，經過70天左右便可翻出根部來確認果實狀態，如果尚未成熟，則再次用基質覆蓋。

採收

80天即可採收。比較大的有時會超過10㎝。小顆的馬鈴薯只要用鹽水汆燙或用奶油炒過就相當美味。

採收時一邊注意不要傷害到馬鈴薯，一邊用剪刀將莖部從根上方剪下來，之後再將馬鈴薯挖掘出來。

Irish Cobbler & May Queen

男爵與五月皇后馬鈴薯

使用基質就能水耕栽培各式各樣的薯類。這次栽培了2個品種，分別為鬆軟的男爵馬鈴薯以及不易煮爛的五月皇后馬鈴薯。

栽培筆記

不購買種薯，用食用的馬鈴薯也OK。讓小顆馬鈴薯的發芽處朝上。大顆馬鈴薯則切半，讓切口日曬半天左右來消毒。同時栽種男爵與五月皇后2個品種，即可享受截然不同的口感。

營養筆記

除了維生素C與鉀，馬鈴薯還含有稱為果膠的膳食纖維，可改善腸胃功能且有助於排便。

適溫 18～20度

定植 → 採收 80天

1

種在水耕栽培桶中

可以按一般馬鈴薯（參照P.104）的方式從種薯開始栽培，或是購買幼苗來培育也OK。長出本葉後，定植至塑膠籃水耕栽培裝置上（參照P.39）。基質是用椰殼纖維與水苔混製而成。

MEMO

倒進水耕栽培裝置的基質大概離底部3㎝高。放進馬鈴薯後要用基質加以覆蓋。

2

採收

花謝且葉片逐漸枯萎後即採收。照片裡的是五月皇后品種，已長出許多橢圓形的馬鈴薯（此頁上方照片的圓形馬鈴薯則是男爵品種）。

待葉片枯萎、不再吸收營養液後，即為採收時機。

綠花椰菜莖（青花筍）

這種綠花椰菜不僅花蕾可食，連莖都能吃。相當結實所以容易栽培，只要避開盛夏時期就能種得很健康。

定植 採收

50～60天

栽培筆記

使用市售的幼苗。後期會頭重腳輕，所以維持盆器的穩定很不容易。綠花椰菜莖（青花筍）好像不太適合水耕栽培，但還是姑且試試看能種出什麼樣的成果。

營養筆記

青花筍是以綠花椰菜和中國蔬菜芥藍混種而成的品種。維生素C含量是檸檬的2倍。礦物質也很豐富。莖和葉都營養多多，不妨汆燙來品嚐。

定植

將幼苗定植至水耕栽培裝置上（參照P.39）。這裡是用電烙鐵等工具在市售盆器的底部和側面鑽孔。基質是用椰殼纖維與水苔混製而成。營養液維持在離底部1cm的高度。

為了增加側花蕾，待主枝的花蕾長到500日圓硬幣(約等同台幣50元)左右的大小即切除。

2

採收

定植50～60天後，高度長到20cm左右即可採收。如果錯過採收時期，開花後風味會變差。1株約可採摘20根，能採收3個月左右。

MEMO

採收時於葉腋處保留2片葉子，會再長出許多側芽，即可增加收成量。

Mini cauliflower

迷你花椰菜

大多數的品種都是秋天栽種春天收成，須花4～5個月才能採收。製成涼拌青菜或是淋上美乃滋來品嚐就很美味。

栽培筆記

挑戰從種子開始，用水耕栽培種迷你花椰菜。雖然比露天栽培還花時間，但是發現白色花蕾的當下真是不勝感動。

營養筆記

迷你花椰菜富含維生素C，吃100g就能補足成人1天所需的量，煮過維生素C也不太會流失。β胡蘿蔔素含量少，只有一般花椰菜的1/50，所以被歸類為淺色蔬菜。

播種	發芽	定植	採收
適溫 15～30度	2～3天	15天	150～170天

1

定植

在海綿上播種（參照P.22），2週左右後雙葉變大即可移植至格狀育苗盤中（參照P.36），接著定植至塑膠籃水耕栽培裝置（參照P.39）。基質是用椰殼纖維與水苔混製而成。

MEMO

在器皿裡裝1cm左右的營養液來栽培。

2

採收

中斷營養液會導致花蕾縮小，因此必須持續供應直到採收為止。待花蕾長到10cm左右即可採收。萬一太晚收成，花蕾會出現縫隙而導致風味變差，要特別留意。

定植4個月後白色花蕾才清晰可見。

Mini watermelon

小西瓜

夏天當然少不了又脆又甜的美味西瓜。西瓜喜高溫和乾燥，因此最好栽種在日照充足的地方。

栽培筆記

以市售的幼苗來水耕栽培西瓜。因為空間不足，所以我在番茄的遮雨塑料溫室裡加設了板子，再將塑膠籃水耕栽培裝置安置其上，讓藤蔓攀爬在遮雨板上。能夠以水耕栽培種出西瓜嗎？我原先也是半信半疑，所以真的結出果實時嚇了一跳。

定植　採收

90天

營養筆記

水分比例高，熱量很低。夏天清熱解暑又利尿，還可改善腎臟功能。富含茄紅素，抗氧化力強。

1

定植

將市售的幼苗定植至塑膠籃水耕栽培裝置上（參照P.39）。在定植之前都要浸泡在營養液器皿中。器皿裡裝約1cm高的營養液來栽培。

MEMO

若是栽種於陽台等處，以人工授粉比較保險（參照P.97）。過了中午花朵就會閉合，因此趁中午前進行人工授粉為佳。

2

費點功夫避免扯斷藤蔓

因為空間不足，所以在番茄的遮雨塑料溫室裡加設板子，再將水耕栽培裝置安置其上，進行直立式栽培。西瓜有一定重量，必須用網子包覆吊掛起來，以免扯斷藤蔓。

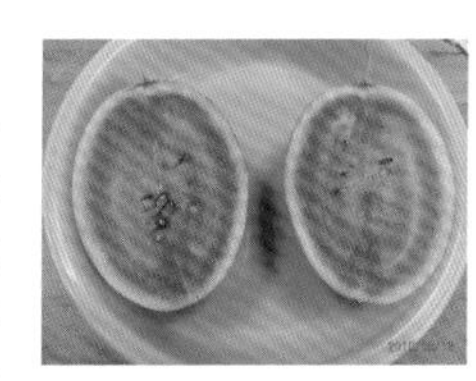

大約3個月後即可採收。重量達500g。

Mini carrot

迷你紅蘿蔔

即便是以水耕栽培紅蘿蔔，從播種到收成還是很費時。紅蘿蔔也是一種觀葉植物，不妨耐心栽培，同時好好欣賞！

栽培筆記

從播種到發芽，最重要的就是等待。我初次栽培時，中途就放棄了。不過後來種子冒出像綠線般的細絲，我才發現那就是紅蘿蔔的芽。

營養筆記

含有豐富的β胡蘿蔔素，有「黃綠色蔬菜之王」的稱號。有造血作用，故可改善貧血，此外也有預防高血壓以及強化牙齒與骨骼的效果。

1

播種栽培

在海綿上播種（參照P.22）使之發芽。發芽後連同海綿一起並排於容器中，再用基質覆蓋。待葉片長度超過3cm後即可定植。定植前以水栽培，定植後改用營養液栽培。

MEMO

從播種到發芽需要10天～1個月，所以要耐心等候。這裡是以蛭石作為基質，也可以改用椰殼纖維與水苔的混合基質。

2

打造栽培盆來進行定植

疊合兩個容量1 ℓ 的容器打造出栽培盆。於底面與底部角落各鑽出大量的孔，以便吸收營養液，接著分別倒入基質。將9個海綿苗並排於上方容器中，以基質覆蓋後，再與下方容器疊合。

MEMO

上方的容器倒入10cm的基質，下方容器則倒入2cm左右。

播種　發芽　定植　採收

10天～1個月　20～40天　80～100天

3

靜候葉子變茂密

於營養液器皿裡裝約1㎝高的營養液，再將步驟2的容器安置其中，之後繼續維持營養液的量。葉子最後會長達50㎝左右，時間一久就會如竹林一般，頗富風趣。

4

葉尖變色後即為採收期

播種2個半月～3個月後，葉子已十分茂盛，待葉尖開始變黃即進入採收期。葉子亦可食用，因此要趁還沒變色前先行採收。

5

拔起1株確認狀況

先拔起1株確認是否已長出紅蘿蔔。採收後必須水洗，沖刷掉基質並拆下海綿。

直接播撒種子

種子直接播撒在基質上也能栽種。

直接播撒種子也OK。這種時候就要準備深度夠的容器，底部鑽好大量的孔後，於內側鋪上瀝水網，倒入滿滿的基質至容器上緣處，再將種子直接撒在基質上。營養液器皿裡最初是裝水，待葉子長到超過3㎝後才改為營養液。

茄子

茄子很適合水耕栽培。這次栽培了水茄子、長茄子與米茄子3個品種。即可於夏季期間採收鮮嫩的茄子。

栽培筆記

我在網路上遍尋不著茄子的水耕栽培法，所以使用垃圾桶打造大型水耕栽培裝置來挑戰。雖然吸收營養液的速度驚人，但最終採收到十分飽滿的茄子。

營養筆記

可清熱解暑的夏季食品。內含名為「茄甙(nasunin)」的色素，是一種多酚成分。

1

定植

購買水茄子、長茄子與米茄子的幼苗。水茄子與長茄子已經開了一朵花。以椰殼纖維與蛭石混製成基質，倒入花盆至一半左右的高度，擺上幼苗後用基質加以覆蓋。最後整個安置在營養液器皿中。

MEMO

這次不用塑膠籃，而是使用花盆來打造水耕栽培裝置。用電烙鐵或錐子在花盆底部鑽出大量的孔，其他作法與塑膠籃水耕栽培裝置（參照P.39）無異。

2

用磚塊壓住固定

讓營養液維持在1cm左右的高度，大約2週幼苗就會長大，開出大量花朵與花蕾。萬一因風吹等因素而倒掉，花蕾就報銷了，所以我會在裝置上放磚塊等重物加以固定。

MEMO

在這個時期架設支柱。

定植 採收

30天

3

採收水茄子與長茄子

大約1個月就能採收水茄子和長茄子。從照片上看不太出來，但其實這個時候葉子已長到大人手掌的兩倍大，營養液的吸收持續加速。

4

須注意避免中斷營養液

炎熱的日子就算早上把營養液器皿填滿，有時到了傍晚還是會見底，導致植株低垂沒有生氣。這種現象常發生在茄子這類葉片較大的植物上。不妨善用自動供水瓶（參照P.41）。

即使變得低垂無力，只要盡早補給營養液，3小時左右就會恢復生氣。

5

採收米茄子

米茄子的採收比長茄子與水茄子晚10天。在果肉尚未成熟而軟嫩的階段即進行採收，嚐起來比較可口。成熟後果皮會失去光澤，風味也會變差，因此要及早採收。

6

享收成之樂

可享長期收成至9月下旬為止。茄子的果實90%以上都是水分。喜陽光卻不耐乾燥，所以要留心避免中斷營養液。

長到20㎝的長茄子。製成米糠醃菜。

小黃瓜

小黃瓜成長速度本來就很快，如果是從幼苗開始進行水耕栽培，3週就能端上餐桌。種植2株就能每天採收好幾條小黃瓜。

栽培筆記

利用市售的幼苗，就能立即在自家陽台展開水耕栽培。此時須費點功夫用保冷袋代替營養液器皿，只要蓋上蓋子就能遮雨。用來打造綠簾再適合不過了。

營養筆記

小黃瓜作為世界上營養價值最低的蔬菜，被登錄在《金氏世界紀錄大全》上。儘管如此，利尿與改善水腫的效果仍值得期待。

1

將塑膠籃栽培裝置放進保冷袋中

用百圓商品的保冷袋取代塑膠籃水耕栽培裝置（參照P.39）裡的營養液器皿。將幼苗安置在塑膠籃裡，再裝進保冷袋中。於保冷袋底部倒入營養液。

MEMO

從保冷袋側面的上方裁剪1條切口至中間的位置，好讓瓜藤露出來。將混合基質倒入塑膠籃內時，請以塑膠籃水耕栽培裝置的作法為準。

2

從保冷袋中露出瓜藤

定植的時候讓莖（瓜藤）連同葉子一起從切口處拉出來，再將保冷袋的上方折下，可以避免陽光照射營養液又能遮雨。將保冷袋置於水泥磚上。

MEMO

保冷袋置於水泥磚上還能隔離在地面爬行的害蟲。

定植 → 採收

20～30天

3

讓瓜藤攀附在爬藤網上

瓜藤持續延伸後，使之攀附在爬藤網上。營養液的消耗量會隨著葉子變多而劇增，所以要特別留意避免中斷營養液。

MEMO

小黃瓜的葉子也能形成一大片綠簾。

4

確認根部狀態

保冷袋底部長滿密密麻麻的白色根。植株由此部位不斷吸收營養液，進而長出茂盛的葉子，開出大量黃色的雄花。雌花也綻放後便會從雌花內長出小黃瓜。

MEMO

只要遮蔽光線就不會滋生藻類，根部還會如照片般轉為漂亮的白色。

5

採收

3週左右即可初次採收。之後還可採收一陣子。1株有時可採收到50根小黃瓜。

任瓜藤在水泥地上爬行的懶人栽培法也行得通。

亦可讓瓜藤在地上爬

我也曾經覺得讓瓜藤攀附在爬藤網上太麻煩，索性直接採用懶人栽培法，任由瓜藤滿地爬。雖然長出來的小黃瓜會粗細長短不一，但無損其美味。

Papaya

木瓜

我從沖繩買來的木瓜中取種來栽培。木瓜原本是生長於亞熱帶氣候，是否也能栽培在我神奈川縣的家呢？

栽培筆記

我在炎炎夏日想吃木瓜時突發奇想，覺得或許可以用水耕栽培來種植木瓜。於是我取了種子，乾燥後隨即播種。結果種出好大一顆木瓜樹。

營養筆記

木瓜是一種排毒水果，可提高肝臟解毒酵素的作用。也含有名為「木瓜蛋白酶」的酵素，可消化蛋白質。維生素C的含量也和檸檬不相上下。

1

播種

取大約100顆種子（參照P.84），在陰涼處乾燥2～3天。將瀝水網鋪在瀝水器皿中，再倒入基質。將種子直接撒上並用基質覆蓋。注入足以讓表面濕潤的水，每天澆水以維持水分。

播種20天後便發現幼芽。隨後一個接一個冒出芽來。不過有些種子花了1個多月才發芽。

2

定植栽培

待雙葉變大後即定植至市售的栽培盆裡。使用椰殼纖維與蛭石的混合物作為基質。將栽培盆安置在營養液器皿中，注入離底部1cm左右的營養液，並維持營養液的量。

MEMO

用電烙鐵或加熱好的錐子在栽培盆底部與接近底部的側面鑽出大量的孔。將瀝水網鋪在底部，倒入基質擺上幼苗，再用基質覆蓋表面。

播種	發芽	定植	採收
適溫20度以上	20～30天	14天	400天

3

過冬

長於亞熱帶的木瓜最忌寒冷。冬天將至，因此讓木瓜在室內過冬。接觸到冰冷窗戶的葉片都變色而枯萎了。植株高度達80cm後，即從栽培盆移植至稍大的花盆中。

MEMO

在花盆上鑽孔以便吸收營養液（參照P.96）。營養液器皿裡的營養液須維持在1cm的高度。

4

移至室外栽培

次年天氣回暖時，木瓜樹已長到1.6m左右，無法在室內栽培。移至玄關前方後又加速生長。葉片長大到40cm左右。

5

開花

初秋開花後，結出了果實。右上花朵的下方可以看到花謝後的花萼裡長出了果實。

花萼外皮剝落，果實清晰可見。

6

結果

我查資料才知道，這個品種是夏威夷的單果木瓜，每個葉腋處會結出1顆果實。果實栽培到如LL號特大雞蛋般的大小，葉子大概是大人雙手張開那麼大。

在家庭用園藝花盆中栽種出這麼粗的枝幹。請以旁邊的磚塊對照一下枝幹的粗度。

Radish

櫻桃蘿蔔（二十天蘿蔔）

櫻桃蘿蔔是一種小型蘿蔔，連長長的葉片也可以吃。正如二十天蘿蔔的暱稱所示，生長快速為其特色所在。

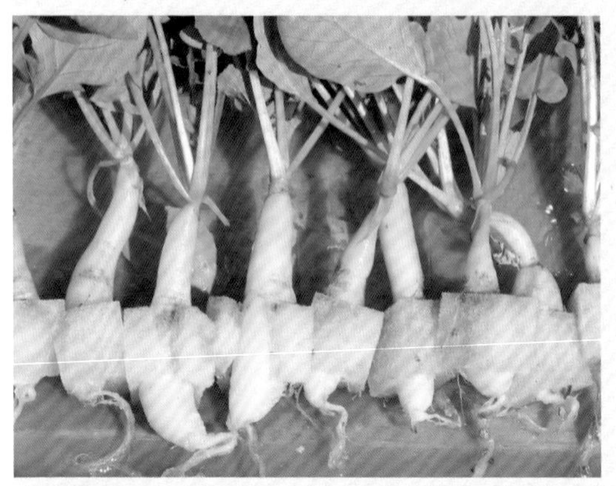

播種	發芽	定植	採收
適溫 15～25度	7天	7天	30～60天

栽培筆記

我種過好幾次櫻桃蘿蔔，但這次是在氣溫驟降的嚴寒元旦播種。因此我讓器皿浮在保溫裝置（參照P.122）的熱水上來栽培。雖然花了1～2個月才採收，但是成果不俗。

營養筆記

內含分解澱粉的澱粉酶、分解蛋白質的蛋白酶以及分解脂肪的脂酶，可幫助消化吸收。還蘊含豐富的葉酸，有助於修復腸胃細胞。

1

播種使之發芽

在海綿上播種（參照P.22）使之發芽。大約2週後，待雙葉變大即製成茶包袋苗，再定植至水耕栽培層上（參照P.25）。

MEMO

在底部開了洞的塑膠杯內側鋪上瀝水網，放置茶包袋苗，再用基質覆蓋幼苗周圍。

2

採收

雖然無法20天就收成，但定植後約1～2個月即可採收。長度可達8～10cm。

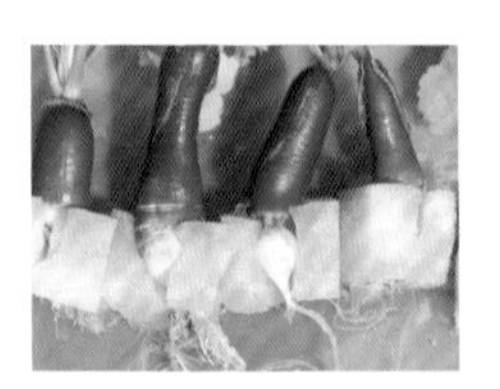

紅色的櫻桃蘿蔔亦可依此法栽種。長勢驚人，幾乎撐破海綿。

Brussels sprouts

抱子甘藍

抱子甘藍富含維生素C。這種蔬菜的莖部會結出一顆顆小球，饒富趣味。不喜高溫多濕，而且容易長蟲，所以選在寒冷時期栽種。

定植 採收

200天

栽培筆記

幼苗移植至小塑膠籃時就已經頭重腳輕而不太穩定，因此將大型塑膠杯橫向裁切對半，利用上半部分來支撐幼苗。莖部伸長後，莖部周圍就會冒出芽，形成抱子甘藍。雖然花了半年才採收，但以初次嘗試來說，成果還算理想。

營養筆記

抱子甘藍是一種營養豐富的蔬菜，內含維生素A、C、E等維生素類，鎂、鈣等礦物質類，此外還有大量的膳食纖維。

定植至水耕栽培裝置上

於9月初購買市售的幼苗。定植至塑膠籃水耕栽培裝置上（參照P.39）。使用椰殼纖維與蛭石的混合物作為基質。利用大型塑膠杯作為支撐，以免幼苗倒伏。

MEMO

在營養液器皿中注入1cm高的營養液並維持固定分量。訣竅是要栽培在日照與通風良好的場所。

採收

植株會長到60～70cm高，開始變得不太穩定時，在營養液器皿上放置重物以防止倒下。抱子甘藍長到如照片般的大小後，約1週即可採收。

MEMO

為了讓植株更穩定，用繩子綁住莖部上方，不要綁太緊，使之從上方吊著。

專欄

生長快速！色澤漂亮！

利用簡易塑料溫室的室外栽培

水耕栽培的蔬菜擺在窗邊栽培也能長得很大，但若能在陽台或庭院進行室外栽培，生長速度會更快且色澤更漂亮。室外栽培必須有屋頂來防止雨水進入營養液中，所以建議設置簡易的塑料溫室。在此介紹如何使用簡易塑料溫室進行水耕栽培。

室外栽培與室內栽培的差異

一開始先來看看，室外栽培與室內栽培的蔬菜在生長上有多大的差異。比較一下在同一天定植且栽培天數一樣的庭園萵苣與紅拔葉萵苣。兩張照片的左方都是栽培於室外，右方則是室內（窗邊）。可看出室外栽培的蔬菜生長較快且色澤較佳。

室外（左）與室內（右）的庭園萵苣。

室外（左）與室內（右）的紅拔葉萵苣。

善用簡易塑料溫室

在家居用品店等處購買的簡易塑料溫室大約是4000～5000日圓，價格會因大小而異，但相較之下是比較便宜的。設置塑料溫室時，別忘了在底部放置水泥磚或磚塊等重物加以固定。若未以重物壓住溫室，風大的日子就會倒塌。遇到颱風來襲等狀況時，最好將水耕栽培層移至室內避難，塑料外罩也要拆下。
在簡易塑料溫室中放置水耕栽培層時，上層的栽培層要往棚架內側擺，中層置於正中央，下層則靠外側，重點是要減少陰影產生，讓陽光照射到所有的栽培層。葉片較小的栽培層置於上層，葉片茂密的則安置在下層較為理想。

水耕栽培層已安置在簡易塑料溫室中。看得到底部有放置水泥磚來固定。

颱風逼近時，拆下塑料外罩，僅留骨架與重物。

上層的栽培層置於棚架內側，下層則靠外側擺放。

防蟲措施

在室外栽培還必須做好防蟲措施。我主要採用的防蟲措施是P.46介紹的防蟲網狀膠囊，不過在每個塑膠杯上套上瀝水網袋也是不錯的方法。若是使用瀝水網袋，只要配合幼苗的生長將網袋往上方撐開，直到葉片長得很大都還適用。

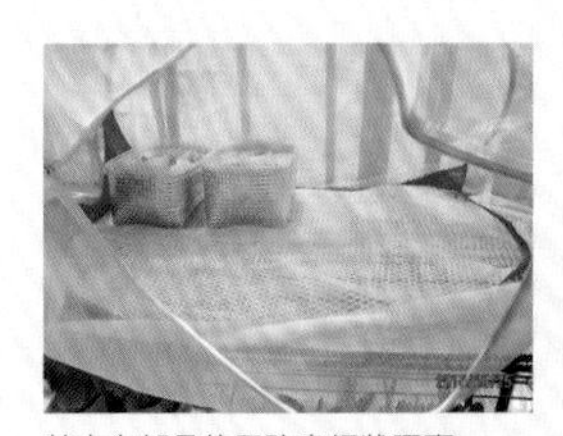

基本上都是使用防蟲網狀膠囊。

每個塑膠杯都套上瀝水網袋的做法也很有效。

配合幼苗的生長將網袋往上方撐開。

善用遮光網，做好防暑措施

夏季的強烈日曬以及冬天的嚴寒都是蔬菜栽培的大敵。火辣辣的陽光就靠市售的遮光網來防禦。將遮光網蓋在陽光直射的塑料溫室頂部以及朝南邊的側面遮蔽光線。或是局部裁剪遮光網，再覆蓋在防蟲網狀膠囊上應該也不錯。也可以移至開了冷氣的室內，改在窗邊栽培。

將遮光網蓋在塑料溫室的頂部以及朝南邊的側面。

在防蟲網狀膠囊上覆蓋遮光網也OK。

善用觀賞魚用的加熱器，做好防寒措施

接下來是防寒措施。只要以觀賞魚用的加熱器和空氣幫浦製成保溫裝置來運用，即便是隆冬時期也能讓塑料溫室內保持在適合栽培蔬菜的溫度。氣溫持續下探10度的日子，這個保溫裝置即可派上用場。

在棚架最下層放置如照片所示的塑膠搬運箱，裝滿水至箱緣處，再將觀賞魚用的加熱器(150W)放入水中加熱。將水溫設定在25～30度並關上塑料溫室，內部就會比外部氣溫高4～10度。此外，加裝空氣幫浦讓水流動，即可讓塑膠箱內的水溫維持不變（如果未用空氣幫浦，會只有加熱器上方的水變熱而已）。

水溫與外部溫差大會加快水的蒸發，隔天水位會下降，必須再加水補足。塑膠箱內如有藻類滋生，須將水倒掉並用海綿清洗，再換成乾淨的水。

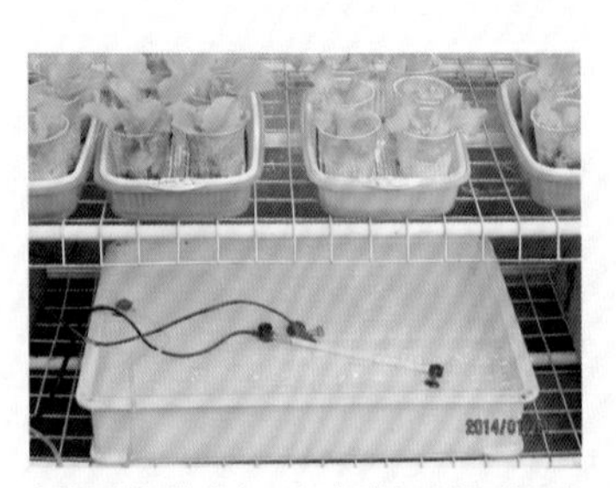

在塑膠箱裡裝滿水，利用觀賞魚用的加熱器來加溫。

關上塑料溫室後，內部會變得溫暖，但也會積聚濕氣而凝結成水滴。因此，白天外部氣溫上升後，須打開塑料溫室，讓濕氣釋放出來。

關上塑料溫室後，會因內外溫差而積聚濕氣。

白天外部氣溫上升後，不妨打開塑料溫室，排出濕氣。

我住的神奈川縣雖然比較溫暖，但是冬天嚴寒的日子，有時到了早上8點溫度還停留在零下。不過簡易塑料溫室內的水溫裝置設定在30度，因而得以保持在8度。內外溫差高達10度。

外面是零下2度！

塑料溫室內是8度。

以保溫裝置作為催芽器

寒冷時期在海綿上播種常遲遲不發芽，這時可以利用塑料溫室內的保溫裝置來催芽。只要讓附蓋的塑膠容器漂浮在保溫裝置上，再將播種好的海綿放入容器中並加蓋，就能靠溫水的溫度催芽。

白色容器漂浮在保溫裝置上。

多虧了保溫裝置才得以順利發芽。

隨時都想吃萵苣

我現在的部落格名稱是「いつでもレタス（隨時來點萵苣）」，但最初其實是命名為「いつでもレタスが食べたくて（隨時都想吃萵苣）」。因為我展開水耕栽培的最初目標，就是要一年四季都能以最低的成本大啖萵苣。

無論是露天栽培還是水耕栽培，栽種萵苣的人不在少數。但是幾乎沒有人會一年到頭都栽種，所以我才想挑戰看看。而且我覺得萵苣和高麗菜等蔬菜不同，應該是所有可生食的蔬菜中最容易栽培的。

於是我決定不參考園藝書籍等資訊，開始挑戰獨創的水耕栽培。

我用B5大小的器皿與篩網來栽培萵苣，這種栽培方式一直持續至今。這個以篩網和器皿配成對的容器即為栽種萵苣的田地。在我居住的神奈川縣內實驗後得知，即便不是適合栽種萵苣的春秋兩季，只要有5～6個這種小田地，還是可以隨時採收萵苣。

然而，萵苣並非全年皆可栽種的蔬菜。

最初碰到的課題就是冬天的嚴寒。我想到的點子是在簡易塑料溫室中放置裝滿水的塑膠箱，並在箱中放入觀賞魚用的加熱器，才解決了這個難題。

真正的難關在於夏天。

誠如眾人所知，入夏後葉類蔬菜很少見。萵苣是特別討厭高溫的蔬菜，夏季大多栽種於涼爽的高原，再出貨到都市的市場。

在炎炎夏日該如何栽種萵苣成了一大課題。當然，如果將冷氣溫度設定在適合萵苣生長的17～20度進行室內栽培，就能在夏季栽種萵苣。然而這種做法大大偏離我的水耕栽培理念，也就是要盡可能以最低成本品嚐萵苣。

經過無數次的失敗後，我得到一個結論：趁氣溫上升變熱之前，搶先把萵苣栽培到可以採收的狀態，即可持續採收至天氣轉涼為止。夏天會對植株產生壓力，所以不宜播種或定植，那麼就趁夏天來臨前先栽培至一定的大小即可。還有另一個做法是，栽種拔葉萵苣這類耐熱的品種。

失敗與改良

如此一來終於實現了我開始水耕栽培的最初目標：「隨時來點萵苣」，然而過程當然不可能一直都很順遂。

比方說，好不容易把萵苣栽培到最佳品嚐期了，卻因蟲害而損失大半，最後慘澹收場。這令我深受打擊，但是一直消沉也不是辦法，後來想出的解決辦法就是「防蟲網狀膠囊」——利用超大型洗衣籃以及洗衣袋這兩種百圓商品，以物理方式隔離害蟲。這個「防蟲網狀膠囊」最後還通過實用新案專利審查，並完成著作權的登錄。

即使失敗也要下功夫逐一解決問題，再加上懶人性格作祟，我不斷尋找可盡量精簡不費心力的方法，在這樣的過程中陸續催生出各式各樣的創意點子。

其中最值得一提的是茶包袋栽培。本書收錄的萵苣和其他葉類蔬菜之栽培法，大部分都利用了茶包袋。

每到早春的園藝季節，我在園藝店或家居用品店常看到人們滿心期待、笑容滿面地帶著蔬菜幼苗回家。但是大家究竟有沒有如願栽培出預期中的蔬菜呢？大廈或公寓的住戶並沒有庭院可以種田，若要以一般方式栽種這些幼苗，必須準備花盆、重達5～10kg沉甸甸的土壤和肥料等好幾項用品。栽培方法也很複雜。

另一方面，使用茶包袋的水耕栽培層重量僅500g。栽培方法也極為單純。萵苣等大部分的葉類蔬菜一旦定植至栽培層，之後只須持續供給專用肥料，即可逐步栽培出漂亮的蔬菜。

我會想到這種茶包袋栽培法，是受到報紙上一張滿版廣告的啟發，照片上有一隻水壺倒出熱水，注入一種掛在咖啡杯杯緣、分裝成一杯份的掛耳式咖啡包。

像這樣動點腦筋將身邊的事物或雙眼所見的事物一一應用在水耕栽培上，也是「簡易水耕栽培」的醍醐味。

我至今做過的水耕栽培實驗猶如一趟旅程，尋覓著適合栽培的土壤或基質。我最初使用的是蛭石，也成功栽種出各式各樣的蔬菜。

在水耕栽培中，蛭石是十分出色的基質，但壞處是一乾燥就會細粉飛揚，若在室內栽培就會飛散到室內各處。為此我反覆實驗、使用各種基質想找出替代品，但是一直到2014年為止仍是以蛭石為主來進行水耕栽培。

有些市町村規定，用於家庭菜園的殘土（也包含蛭石）不能當垃圾丟棄。我會使用可歸類為可燃垃圾的椰殼和水苔混製而成的基質也是出於這層考量。同時，我仍每天絞盡腦汁試圖找出不用基質就能栽培的方法。

如果不用任何基質就能栽培的話該有多輕鬆？我有天萌生這樣的偷懶念頭，於是決定實驗看看，栽培萵苣時茶包袋裡完全不放基質。

結果驚為天人。萵苣照樣成長茁壯，和使用基質栽培時的成果並無二致。

我這才明白，像萵苣這類葉類蔬菜的栽培，不需要土壤或基質，單靠茶包袋、瀝水網和除塵布就能栽培。

完全不使用土壤的水耕栽培就此誕生。

我有時也會覺得，自己的水耕栽培實驗也差不多接近尾聲了。然而，本書所介紹的軍艦卷栽培和零水位自動供水瓶等，都是近3年才想到的。

每天現採的新鮮萵苣永遠是最美味的。如今我還新增了各種瓜果類和根菜類的蔬菜。欣賞蔬菜成長的過程，享用栽種的成果，讓身體愈來愈健康——或許，這樣的樂趣其實沒有結束的一天。

懶人爺爺　**伊藤龍三**

伊藤龍三

1940年出生於神奈川縣橫濱市。目前定居於神奈川縣橫須賀市。
從商業學校畢業後曾經營貿易公司、咖啡店與小酒館等。隨後又任東京灣內作業船的船長一職。2004年初次接觸水耕栽培，便開設了以「いつでもレタス（隨時來點萵苣）」為名的部落格，記錄栽培方法與實際的收穫，廣受網友喜愛。透過這個部落格以及在文化學校擔任水耕栽培講師等管道，持續推廣水耕栽培的樂趣與美好。曾上過NHK綜合特別節目《家庭菜園的密技教學（家庭菜園の裏ワザ教えます）》、民營廣播電視台、地方廣播電視台的電視節目，還接受不少報章雜誌的專訪。審訂過《庭より簡単！だれでもできる室内菜園のすすめ》（家之光協會），另著有《澆澆水就大豐收！水耕菜園懶人DIY》（三悅文化）等。

部落格「いつでもレタス」
http://azcji.cocolog-nifty.com

日文版staff

裝幀・設計	中村かおり（Monari Design）
企劃・架構	山田雅久
插圖	津嶋佐代子
校閱	小田ともか
責任編輯	山村誠司

水耕蔬果入門書

輕鬆現摘！打造自己的小小菜園

2018年5月1日初版第一刷發行
2019年7月1日初版第二刷發行

作　　者　伊藤龍三
譯　　者　童小芳
編　　輯　邱千容
特約編輯　賴思妤
美術編輯　竇元玉
發 行 人　南部裕
發 行 所　台灣東販股份有限公司
　　　　　＜網址＞http://www.tohan.com.tw
法律顧問　蕭雄淋律師
香港發行　萬里機構出版有限公司
　　　　　＜地址＞香港鰂魚涌英皇道1065號東達中心1305室
　　　　　＜電話＞2564-7511
　　　　　＜傳真＞2565-5539
　　　　　＜電郵＞info@wanlibk.com
　　　　　＜網址＞http://www.wanlibk.com
　　　　　http://www.facebook.com/wanlibk
香港經銷　香港聯合書刊物流有限公司
　　　　　＜地址＞香港新界大埔汀麗路36號
　　　　　中華商務印刷大廈3字樓
　　　　　＜電話＞2150-2100
　　　　　＜傳真＞2407-3062
　　　　　＜電郵＞info@suplogistics.com.hk

NINKI BLOGGER OCHAKU JIISAN NO KANTAN SUIKOSAIBAI KETTEIBAN!

Printed in Taiwan, China.